Ambienti marini del Mediterraneo

Un manuale per entusiasti subacquei

Delfini nel Mar Mediterraneo

Un branco di tursiopi (*Tursiops truncatus*) in mare aperto al largo della costa croata si avvicina al fotografo. Fortunatamente gli avvistamenti di questi cetacei nel Mediterraneo sono di recente aumentati. I pericoli maggiori per i delfini sono attualmente la pesca involontaria, il traffico marittimo e i rifiuti di plastica galleggianti (vedi pag. 184 e segg.).

Georg Glaeser • Daniel Abed Navandi

Ambienti marini del Mediterraneo

tradotto dal tedesco da Ivo Gallmetzer

Primo piano del capo di un gambero di scogliera (*Palaemon elegans*)
I gamberi, come i gamberi di fiume, gli astici e le aragoste, hanno occhi composti con "ottica a specchio", a differenza dell'"ottica a lente " comune alla maggior parte degli altri crostacei e insetti. Nell'ottica a specchio, i raggi luminosi nei singoli occhi vengono riflessi dalle superfici e non rifratti nelle lenti. Nella foto scattata con il flash questo fenomeno si riconosce bene dalla "pseudopupilla " rettangolare. Il lungo processo frontale reca una fila di spine appuntite come arma di difesa contro grossi pesci predatori. Tra le spine si riconoscono anche sottili setole sensoriali. Gli occhi del gambero, in particolare, sono facilmente visibili per i pesci e sono quindi specialmente protetti. Simili spine rivolte in avanti si trovano sulla parte anteriore del corpo di molti granchi – i granchi fuggono spesso "in retromarcia" (vedi pag. 37).

Vogt, K. **Die Spiegeloptik des Flußkrebsauges**
Journal of comparative physiology, 135: 1-19 (1980)
https://www.degruyter.com/document/doi/10.1515/znc-1975-9-1027/pdf

Springer

Georg Glaeser
Dipartimento di Geometria
Università di Arti Applicate di Vienna
Vienna, Austria

Daniel Abed-Navandi
Haus-des-Meeres – Aqua-Terra-Zoo e Dipartimento di
Biologia Evoluzionistica dell' Università di Vienna
Vienna, Austria

Un gambero di scogliera in una posa rara: dopo essere fuggito in acqua libera, riaffonda lentamente verso il fondo con le antenne divaricate. Le due paia di antenne probabilmente servono sia come sensori – per registrare possibili attacchi – sia come timoni per controllare l'affondamento.

ISBN 978-3-662-66357-8 (book) ISBN 978-3-662-66358-5 (eBook)
https://doi.org/10.1007/978-3-662-66358-5
Die Deutsche Nationalbibliothek verzeichnet diese Publikation in der Deutschen Nationalbibliografie; detaillierte bibliografische Daten sind im Internet über http://dnb.d-nb.de abrufbar.

Pianificazione/redazione: Stefanie Wolf
Design della copertina: deblik Berlin con foto di Georg Glaeser
Springer è un Imprint della società registrata Springer-Verlag GmbH, DE, e fa parte di Springer Nature.
L'indirizzo della società è: Heidelberger Platz 3, 14197 Berlino, Germania.

Fidandosi del suo mimetismo, lo scorfano rosso (*Scorpaena scrofa*) rimane immobile davanti alla telecamera nel semibuio di un fondo roccioso (vedi pag. 81).

Indice

Dettaglio di un crinoide: il giglio di mare mediterraneo (*Antedon mediterranea*), imparentato con stelle marine, ricci di mare e cetrioli marini, si ancora al fondale con cirri mobili a forma di artiglio e filtra il plancton dall'acqua con le pinnule sui suoi bracci (vedi pag. 158 s.).

Una Cassiopea mediterranea (*Cotylorhiza tuberculata*) galleggia in mare aperto e si riflette in superficie (vedi pag. 172 e segg.).

Prefazione

L'uomo come osservatore nel mare

Il mare è, in realtà, un luogo ostile per noi esseri umani, e dobbiamo abituarci alle sue peculiarità se vogliamo visitarlo: sott'acqua soffriamo rapidamente il freddo, le nostre forze fisiche sono ridotte a causa della mancanza di peso e della resistenza dell'acqua, non possiamo respirare, abbiamo una visuale ristretta a causa della maschera e dell'indice di rifrazione dell'acqua, ed incontriamo ripetutamente organismi sconosciuti. Ma con la pratica riusciamo a familiarizzare con l'ambiente marino e a diventare degli osservatori curiosi e indagatori. Nessun altro habitat sulla terra dimostra i principi della vita così chiaramente come gli ambienti marini più antichi e primordiali, dai quali sono emerse tutte le forme di vita.

Un'immensa ricchezza di specie

Non sorprende quindi che gli habitat marini ospitino spesso un numero maggiore di specie negli spazi più ristretti rispetto alla terraferma, cosicché anche i migliori conoscitori del mondo marino si imbattono regolarmente in organismi sconosciuti. Ma anche le specie più familiari sono sempre pronte a sorprenderci: per esempio una femmina di favollo che porta migliaia di uova sul lato ventrale (p. 41), un gamberetto fiducioso che "pulisce" le nostre dita tese, un branco di pesciolini che "balla" come se seguisse una coreografia (cfr. p. 178 s.), o un tordo ocellato che accetta un ciuffo di alghe dalla nostra mano per costruire il suo nido (cfr. p. 44). Il Mediterraneo, spesso già dichiarato morto, ha ancora tantissimo da offrire.

Snorkeling e immersioni

Lo snorkeling con maschera e pinne limita la maggior parte delle persone ai primi 5 o 10 metri di profondità, e anche dopo un lungo addestramento un altro limite fisico si presenta dopo pochi minuti in apnea. L'immersione con bombole, sebbene tecnicamente ed economicamente più dispendiosa, apre ulteriori dimensioni. Idealmente, sott'acqua, non si percorrono grandi distanze, ma ci si concentra sul dettaglio e si osserva attentamente il mondo marino.

Questo libro è una guida agli habitat ...

... e non un libro per l'identificazione delle specie. Non è quindi suddiviso per gruppi tassonomici, ma per habitat. Ecco perché non troverete un capitolo sulle alghe, poi uno sui crostacei, sui pesci e così via. Piuttosto, con i rispettivi capitoli, ci immergiamo in otto habitat diversi – ad esempio una costa rocciosa o sabbiosa, o l'acqua libera. Lì poi ci aspettano le creature tipiche di ogni habitat. Non sarà possibile catturare l'intera incredibile biodiversità del Mediterraneo, dove sono già state scoperte oltre 17.000 specie. Dovremo limitarci alle specie più comuni.

Un breve cenno sugli autori

Daniel Abed-Navandi è biologo marino presso la "Haus des Meeres", l'acquario pubblico più grande di Vienna, ed è esperto di ecologia marina. Dal 1990 tiene corsi pratici di ecologia marina presso l'Università di Vienna, un'attività che lo ha portato dal Mediterraneo fino al Pacifico orientale e all'Australia. I suoi testi, vivaci e scientificamente validi, sono incentrati sulle fotografie di Georg Glaeser. Professore di Geometria presso l'Università di Arti Applicate di Vienna dal 1998, Glaeser è anche un appassionato di snorkeling e un esperto subacqueo. Per lui, nessun organismo è troppo piccolo o insignificante per non essere "posto nella giusta luce". Con le sue fotografie, non mira solo ad evidenziare le caratteristiche specifiche dei suoi "fotomodelli", ma soprattutto a trasmettere la sua ammirazione ed il rispetto per tutti gli esseri viventi.

Ogni volta che indossiamo pinne e maschera ...

... inizia una nuova avventura: oggi, quale sorpresa ci riserverà il mare? Questo libro ha lo scopo di aiutarvi a riconoscere e capire gli habitat marini mediterranei e i loro caratteristici abitanti.

Vi auguriamo una piacevole lettura!

I fattori che determinano un habitat

Come sulla terraferma, anche nel mare esistono habitat molto diversi tra loro

Rispetto alla terraferma, tuttavia, gli habitat marini sono più strettamente connessi tra loro tramite l'acqua: fondali abissali scuri e freddi con la superficie calda e inondata dal sole, coste rocciose con antistanti praterie di fanerogame, spiagge sabbiose battute dalle onde con fondali fangosi profondi e calmi.

Trasporto quasi illimitato di sostanze varie

Nelle acque marine in continuo movimento le sostanze nutritive sono facilmente solubili e vengono trasportate per lunghe distanze. Per esempio, sostanze fertilizzanti che originano da organismi in decomposizione in grande profondità possono raggiungere habitat costieri lontani. Feromoni rilasciati da animali su una costa possono provocare effetti anche su altre coste. Inoltre, per tutti gli organismi marini, lo spostamento in acqua è molto più efficiente dal punto di vista energetico rispetto all'aria.

Parametri geologici, geografici e climatici

Come mai, nonostante questa stretta connessione tra gli ambienti marini, le coste hanno un aspetto così diverso e si sviluppano habitat così differenti?

La formazione di spiagge sabbiose in un luogo e di coste rocciose altrove è determinata dall'interazione di parametri geologici, geografici e climatici. Il fattore geologico più importante è il tipo di substrato duro presente. Fa una grande differenza se il fondo è costituito da calcare facilmente erodibile, pietra arenaria o granito resistente. Anche l'arco di tempo durante il quale un fondale è ricoperto dall'acqua – secoli o millenni – gioca un importante ruolo.

L'impatto delle forze marine

Altrettanto importante è il grado di esposizione del fondo alle forze del mare. Per lo sviluppo di un determinato habitat, l'angolo di inclinazione del fondale marino – costa ripida o piatta – e l'ampiezza dell'angolo di apertura costiera sono dei fattori cruciali. Ad esempio, un tratto di costa con un promontorio scosceso che si protende in mare permette lo sviluppo di forme di vita diverse rispetto a una baia poco profonda e calma.

Vicinanza agli estuari

Anche la vicinanza di un habitat alla foce di un fiume può avere un impatto profondo, poiché le fluttuazioni di salinità e l'apporto di fertilizzanti e sedimenti possono mettere a dura prova la tolleranza fisiologica degli organismi marini e perfino impedirne la crescita.

Tropicale o temperato

La zona climatica in cui si trova un tratto costiero ha un effetto decisivo sulla natura di un habitat. Substrati calcarei con esposizione paragonabile hanno una vegetazione diversa in zone tropicali e in zone a clima temperato. Nei mari tropicali si svilupperanno barriere coralline, mentre nelle zone temperate vi cresceranno foreste di alghe brune. La temperatura e la quantità di luce nell'arco dell'anno determinano le specie animali e vegetali che possono prosperare.

«Organismi chiave»

Ogni habitat ospita i cosiddetti organismi chiave che lo caratterizzano in modo particolare. Un esempio sono i ricci di mare, i giardinieri più importanti delle foreste di alghe. Altro esempio sono le spugne che in zone oscure possono ricoprire l'intero fondale roccioso, o le fanerogame marine che con la loro rete di rizomi stabilizzano i fondi sabbiosi impedendo l'asporto dei sedimenti e creando così un nuovo habitat stabile e permanente. Di seguito, gli animali e le piante più frequenti e più facilmente osservabili per subacquei e amanti dello snorkeling verranno presentati nel loro habitat naturale usando sia i loro nomi comuni che quelli latini. Vi invitiamo ad esplorare con noi i vari habitat del mare, viaggiando da fondale a fondale.

Un viaggio lungo il percorso dell'energia solare

Questo viaggio segue in gran parte il percorso della forma di energia che domina la vita sulla terra – la luce solare. Gli habitat fortemente illuminati quindi sono descritti prima di quelli oscuri, e le piante, dove presenti, vengono considerate prima degli animali.

Habitat marini nel Mediterraneo

1 Fondale roccioso esposto al sole
Habitat di substrato duro
Alghe brune e verdi, anemoni, spugne fotofile, policheti sessili, ricci di mare, granchi, gamberi, polpi, salpe, tordi, saraghi ecc.

2 Fondale roccioso ombreggiato
Habitat di substrato duro
Alghe verdi e rosse, margherite di mare, coralli, serpulidi, ascidie, nudibranchi, crostacei, scorfani, ghiozzi, bavose ecc.

3 Grotta marina
Habitat di substrato duro
Coralli, anemoni, briozoi, spugne, aragoste, galatee, polpi, murene, gronghi ecc.

4 Zona di marea
Habitat di substrato duro
Granchi, pomodori di mare, gasteropodi, cozze, balani, bavose, uccelli marini ecc.

5 Fondale sabbioso
Habitat di substrato molle
Anemoni, gasteropodi predatori, echinodermi, triglie, caponi, tracine, cefali ecc.

6 Praterie di fanerogame marine
Habitat di substrato molle
Fanerogame marine, nacchere, orate, cavallucci marini, paguri ecc.

7 Fondale fangoso
Habitat di substrato molle
Spugne, *Tethys fimbria*, paguri, stelle fragili, ascidie, rombi ecc.

8 Acqua libera
Meduse, crostacei planctonici, latterini, castagnole, carangidi, tonni, squali ecc.

Protagonisti nel loro habitat naturale

In mare aperto: una verdesca (*Prionace glauca*) si avvicina curiosa al fotografo. Il muso lungo e conico, tipico della specie, è chiaramente riconoscibile (vedi pag. 183 e segg.).

Fondale roccioso soleggiato: un maschio di peperoncino rosso (*Tripterygion tripteronotus*) osserva il fotografo (vedi pag. 104 e segg.).

Fondale sabbioso: un capone gallinella (*Chelidonichthys lucerna*) si sente minacciato e distende la parte posteriore delle pinne pettorali col lato inferiore rivolto verso l'alto per esporre le macchie scure a forma d'occhio (vedi anche pag. 134).

Il fondale roccioso
soleggiato

Substrato stabile

La roccia massiccia offre un substrato che, a differenza della ghiaia, della sabbia o del fango, rimane immobile per lunghi periodi di tempo, anche in presenza di forti movimenti d'acqua. Tali fondali spesso ospitano delle biocenosi longeve e ricche di specie.

Il ruolo della luce

A seconda della quantità di luce che incide sul fondale si possono distinguere i seguenti habitat:

- fondali soleggiati
- fondali ombreggiati
- grotte

Una bavosa sfinge (*Aidablennius sphynx*) nella colorazione di corteggiamento

Fondale ricoperto dalle Cistoseire

Fondali rocciosi irradiati dal sole sono ricoperti da una fitta foresta di alghe, talvolta alte più di 1 m (1). La roccia solida e immobile consente la crescita di alghe brune perenni – nel Mediterraneo si tratta per lo più di alghe del genere *Cystoseira*.

Cambiamenti stagionali

Le piante germogliano ad ogni primavera, e a fine estate si liberano delle parti ricoperte da altre alghe e animali sessili. Solo piccoli resti come i fusti scuri o anche solo i dischi adesivi sopravvivono alla scarsa luce e alle tempeste dell'inverno.

(2): Giovani Cistoseire quasi prive di organismi epifitici in primavera. I rami chiari che crescono dai fusti marroni hanno solo poche settimane di vita.

(3) - (5): Foreste di Cistoseira in estate.

"Cespugli " di Cistoseira sono alti fino a mezzo metro e già invasi da alghe effimere; maggior parte dei sottili germogli annuali è già stata eliminata (4).

Vivendo delle riserve di carboidrati fino in primavera

A fine estate, i talli delle Cistoseire sono già fortemente ricoperti da diversi epifiti (5) che schermano la luce vitale per le alghe. Per sopravvivere all'inverno, si nutrono dalle riserve di carboidrati accumulati nei fusti e nei dischi adesivi. Nel frattempo, tra i talli di Cistoseira si sviluppano alghe più piccole.

Un'opportunità per alghe più piccole

Tra le Cistoseire si sviluppano alghe brune più effimere e a crescita rapida, come la coda di pavone (*Padina pavonica*, foto sotto a sinistra) o il nastro a forcelle (*Dictyota dichotoma*, foto sotto a destra). Su una delle padine nella foto si possono notare i segni semicircolari dei morsi (6) delle salpe pascolanti (vedi pag. 38 e segg.).

Altre alghe in basso fondale

Un ciuffo di ombrellino di mare

Oltre alle alghe brune, tipicamente fotofile, anche alcune alghe verdi prediligono fondali rocciosi soleggiati. Sulla foto in alto, l'ombrellino di mare (*Acetabularia acetabulum*), alto pochi centimetri, forma un denso ciuffo su un masso.

Cellule giganti con nucleo alla base del tallo

Ogni ombrellino di *Acetabularia* è attaccato alla roccia tramite un fusto elastico e sottilissimo. L'alga è costituita da un'unica cellula gigante il cui nucleo si trova nella parte basale del fusto.

Una scoperta rivoluzionaria

Quest'alga è entrata nella storia della scienza. Con un elegante e semplice esperimento di trapianto-rigenerazione sugli ombrellini di mare è stato dimostrato che l'informazione genetica è contenuta nel nucleo cellulare. Se il cappello circolare di una specie viene trapiantato sul gambo di un'altra specie di *Acetabularia* che forma cappelli dentellati, il cappello gradualmente cambia la sua forma da circolare a dentellato. La conclusione logica è che l'informazione genetica per questa ristrutturazione si trova nella base dove risiede il nucleo.

Lattuga di mare

Nella foto qui sopra, un fondale roccioso irradiato dal sole è coperto dalla lattuga di mare (*Ulva lactuca*). Quest'alga verde cresce abbondantemente in luoghi vicini a fonti di nutrienti come per esempio acqua freatica eutrofica che fuoriesce da fessure nella roccia, oppure estuari o impianti di depurazione nelle vicinanze. La fonte più probabile di fertilizzanti può spesso essere identificata studiando una mappa accurata della regione.

Qualsiasi pietra che giace immobile su un fondale ...

... ben illuminato viene ricoperta di alghe nel giro di pochi giorni. Nella foto accanto si tratta di alghe verdi che formano uno strato sottile e denso. Le numerose bollicine ben visibili sono ossigeno prodotto dalle alghe. Con la prossima onda che sfiorerà le piante, le bolle si staccheranno.

Animali sessili – anemoni

Anemoni giardinieri

Su rocce esposte al sole, tra le alghe brune possono crescere degli animali che mantengono nei loro tessuti un giardino di microalghe simbiotiche che rappresenta un'ulteriore fonte di cibo. Endosimbionti unicellulari si trovano spesso nei cnidari, ma anche nelle spugne.

Questi anemoni e coralli assumono una colorazione giallo-marrone derivante dalle cosiddette zooxantelle (alghe unicellulari) presenti nei loro tessuti. Le spugne crescenti in luoghi soleggiati, invece, coltivano nel loro corpo microscopiche alghe azzurre (cianobatteri), note come zoocianelle, che sono responsabili della loro colorazione scura.

Gli anemoni di mare e il loro giardino di dinoflagellati

A destra, un gruppo di anemoni di mare della specie *Anemonia viridis*. Questi animali, noti anche come ortiche di mare, fissano il loro corpo morbido ed elastico al substrato con un disco basale (immagine grande a destra). Nelle centinaia di tentacoli che fluttuano nell'acqua luminosa coltivano il loro giardino di microscopici dinoflagellati.

Due forme con colore diverso e cloni identici

Esistono due varianti di colore di *Anemonia viridis*: gli esemplari con tentacoli interamente marroni vengono assegnati alla variante *rustica*, quelli con tentacoli verdastri con punta viola alla variante *smaragdina* (due foto nella prossima doppia pagina). La variante *rustica*, in particolare, può formare popolazioni di cloni geneticamente identici che si estendono su molti metri quadri di fondale. Le ortiche di mare coprono parte del loro fabbisogno alimentare grazie al loro giardino di zooxantelle, ma sono anche in grado di catturare del plancton coi tentacoli appiccicosi e urticanti.

Quello che normalmente è nascosto sotto i tentacoli in una fessura del substrato: il gambo delicato, noto anche come colonna, e il disco basale. Qui sono stati esposti brevemente in un anemone bruno (*Aiptasia mutabilis*) per la foto.

Protetti nella foresta di tentacoli velen

A volte, proprio sopra i tentacoli velenosi, si trattengono sciami di piccoli gamberetti del genere *Leptomysis*. Qui trovano riparo dai predatori che evitano gli anemoni di mare a causa dei tentacoli urticanti. Questi misidacei si nutrono di minuscolo zooplancton che catturano direttamente dall'acqua con le loro gambe. Tuttavia, non sono immuni al veleno degli cnidari e devono quindi manovrare abilmente tra i tentacoli ondulanti.

Leptomysis raggiunge poco meno di un centimetro di lunghezza. Gli occhi grandi e la striscia dorsale chiara e ben visibile aiutano lo sciame a rimanere unito. Le femmine covano gli embrioni per settimane nel marsupio verdastro sotto il torace.

Coralli

Barriere coralline nel Mediterraneo

A sinistra: Una colonia di madrepora a cuscino (*Cladocora caespitosa*), grande come una mano, cresce su un substrato roccioso esposto al sole. Immagine grande: I polipi della madrepora a cuscino sono larghi solo pochi millimetri. Si dividono regolarmente e contribuiscono così alla crescita della colonia, che dopo pochi anni si eleva già per diversi centimetri dal fondo ed è composto da centinaia di coralliti. A volte, questa specie forma delle piccole barriere coralline larghe più di un metro (vedi spiegazione a destra).

Le microalghe della madrepora a cuscino

Lo scheletro calcareo bianco della madrepora a cuscino è ricoperto da un sottile strato di tessuto in cui cresce un giardino di microalghe, riconoscibile dal colore marrone chiaro. Per la madrepora, è la principale fonte di cibo, ma allo stesso tempo, i polipi estendono i loro tentacoli appiccicosi nella corrente per catturare gli animaletti del plancton. Una volta intrappolate, le piccole prede vengono trasferite dai tentacoli verso l'apertura della bocca al centro del polipo, dove vengono inghiottite intere. Insieme alle microalghe servono come cibo supplementare.

Coralli con un polipo solo

Immagine sotto: Un corallo solitario del genere *Balanophyllia* cresce su una roccia irradiata dal sole ed estende i tentacoli in attesa di zooplancton. I coralli solitari sono costituiti da un unico polipo, lungo da uno a due centimetri, e si nutrono in modo molto simile alla madrepora a cuscino, combinando microalghe simbiotiche e plancton.

Le strutture a barriere nel mare

Nel contesto nautico, una struttura a barriera è ogni oggetto più o meno duro che si erge dal fondale e rappresenta un ostacolo per il transito delle navi. Può trattarsi di strutture rocciose costituite da roccia solida (scogliere), di strutture sabbiose costituite da sabbia arenata (banchi di sabbia) o di strutture "biogeniche", che comprendono le ben note barriere coralline, ma anche le barriere di ostriche o quelle prodotte da policheti sessili.

Le strutture a barriera biogeniche ...

... si sviluppano sempre da animali marini sessili con scheletro calcareo che crescono in colonie e che col tempo formano delle strutture calcaree massicce ed estese. La massa principale di una barriera biogenica è sempre costituita dagli scheletri degli animali già morti. Gli animali vivi costituiscono solo lo strato superficiale di pochi centimetri di spessore.

Spugne fotofile

Immagine a sinistra: La verongia (*Aplysina aerophoba*), di colore giallo brillante, cattura subito lo sguardo per le sue molteplici protuberanze con osculi (aperture esalanti) terminali.

Foto sotto: La tilodina (*Tylodina perversa*), gialla come la verongia, si trova spesso su quest'ultima che, pur essendo velenosa, rappresenta la sua unica dieta. Le tossine alcaloidi della spugna sono rese innocue da speciali processi metabolici e vengono addirittura utilizzate dal gasteropode come difesa chimica contro eventuali predatori.

Solo poche delle centinaia di specie di spugne crescono in piena luce e possono resistere nella competizione per lo spazio con le alghe brune.

Le spugne sono animali sessili ...

... che sono saldamente attaccati al fondo roccioso. Il loro corpo assume forme diverse a seconda delle condizioni ambientali. Si nutrono principalmente di microplancton che filtrano dall'acqua.

Il corpo di una spugna ...

... è costituito da un reticolo di fibre organiche in cui sono incorporate delle spicole di natura minerale (calcaree o silicee). Insieme formano lo "scheletro " della spugna che è avvolto da diversi tipi di cellule. L'interno di una spugna è attraversato da canali ramificati che a tratti si allargano per formare delle camere le cui pareti sono rivestite da cellule flagellate, i coanociti.

Un costante flusso d'acqua

Con il battito dei loro flagelli, i coanociti aspirano l'acqua ricca di plancton e ossigeno attraverso migliaia di piccoli fori (ostii o pori inalatori) distribuiti su tutta la superficie della spugna. Quest'acqua viene filtrata dai collari appiccicosi dei coanociti, arricchita di prodotti di scarto e pompata nuovamente all'esterno attraverso aperture di deflusso più grandi, gli osculi.

Cianobatteri simbiotici

Come i coralli, le poche specie di spugne che colonizzano i fondali rocciosi soleggiati mantengono nei loro tessuti giardini di alghe azzurre (cianobatteri) come ulteriore fonte di cibo.

Le veronge ...

... si trovano spesso su fondale roccioso esposto al sole. Il loro colore giallo intenso è dovuto all'uranina, un pigmento sintetizzato da queste spugne. La sua funzione non è nota, ma potrebbe essere tossico e avere un effetto deterrente per eventuali predatori.

Aperture inalanti ed esalanti

Le loro tipiche protuberanze a forma di caminetto hanno le aperture esalanti leggermente rialzate all'estremità. Immagine a sinistra: Sulla superficie della spugna sono riconoscibili anche i piccolissimi pori inalanti o ostii, attraverso i quali la spugna aspira l'acqua. Mancano solo nella zona intorno agli osculi, probabilmente per evitare possibili cortocircuiti tra acqua in uscita e acqua in entrata.

Rognone di mare, ircinie e "spugne da bagno"

Il rognone di mare, le ircinie e le spugne da bagno appartengono all'ordine delle spugne cornee (Dictyoceratida).

Rognone di mare: liscio e lucido

In basso a sinistra: Il rognone di mare (*Chondrosia reniformis*) qui cresce in competizione con una serpula. I rognoni di mare o spugne patata sono generalmente a forma di cuscino con superficie liscia e lucida grazie a uno strato di muco, e di colore grigio-marrone marmorato.

Riproduzione con propaggine

In basso a destra: la spugna nocciolina (*Chondrilla nucula*), più rotonda ma strettamente imparentata con il rognone di mare, può calare delle propaggini seguendo la gravità e così raggiungere superfici lontane. A prima vista sembra si tratti del tentacolo di un polpo. L'ircinia sottostante si riconosce per la superficie grigio scura strutturata con conuli e per le grandi aperture esalanti.

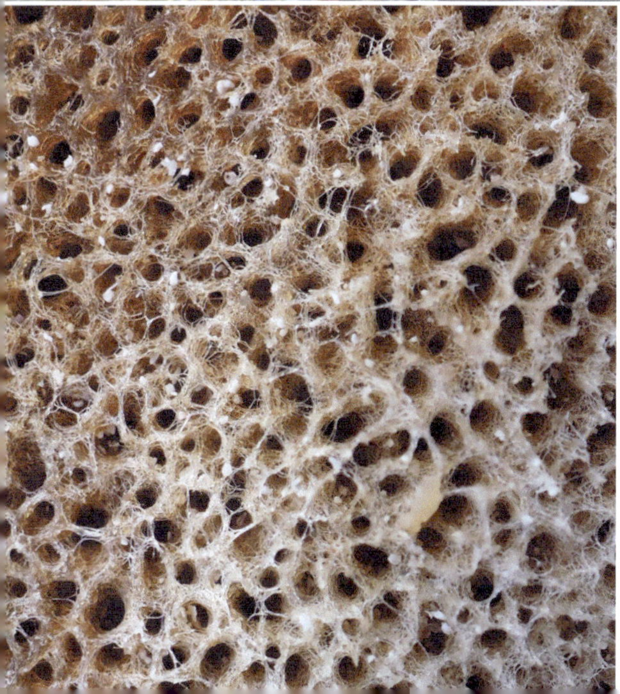

Spugna da bagno

Le spugne da bagno del genere *Spongia*, che si trovano anche su rocce soleggiate, sono anch'esse spugne cornee. Crescono in modo regolare e hanno dimensioni di alcuni decimetri. Il loro scheletro di fibre di spongina elastiche e densamente ramificate è stato apprezzato per migliaia di anni come strumento cosmetico morbido e assorbente.

Complicato processo di pulizia

Per ottenerlo, le cellule della spugna e le impurità minerali vengono rimosse in un processo chimico a più fasi, in modo che rimanga solo la morbida rete di fibre cornee. Questo primo piano dello scheletro di una spugna da bagno mostra il sistema di canali costituiti dalla rete di fibre che conducono all'interno della spugna.

Policheti sessili

Organismi filtratori tra le alghe

Molti animali sessili si nutrono esclusivamente di plancton, che viene estratto dall'acqua con vari metodi. Il polichete *Sabella spallanzani* setaccia le alghe unicellulari e i batteri dall'acqua passante con una corona di tentacoli a forma di ombrello. Grazie al tubo elastico lungo diversi decimetri, il ciuffo si eleva sopra la foresta di alghe nell'acqua mossa dalle onde e dalle maree e ricca di plancton.

Un complesso sistema di alimentazione

Il ciuffo branchiale è costituito da un gran numero di tentacoli, i cosiddetti radioli, che sono rivestiti da sottili pinnule (foto in alto a destra). Ogni pinnula è a sua volta ricoperta da numerose ciglia, lunghe pochi millesimi di millimetro, che setacciano il plancton dall'acqua passante e lo inglobano in un muco appiccicoso. Attraverso un solco sul lato superiore dei radioli, il concentrato di plancton viene mosso verso l'apertura della bocca, situata al centro della corona di tentacoli.

Riisgård, H. U., Larsen, P. S. **Particle capture mechanisms in suspension-feeding invertebrates** *Marine Ecology Progress Series, 418: 255-293 (2010)*
https://www.int-res.com/articles/meps_oa/m418p255.pdf

Ciuffo adattabile

In base alla corrente e alla concentrazione di plancton, il verme adatta continuamente la posizione del ciuffo branchiale per ottimizzare il processo di filtrazione del microplancton. Un passaggio dell'acqua troppo veloce sovraccaricherebbe rapidamente l'apparato filtrante, e la maggior parte delle particelle di plancton non potrebbe più essere trattenuta e processata. Rallentando troppo il flusso d'acqua, invece, l'animale non catturerebbe abbastanza cibo.

Colonie di idrozoi

In attesa di cibo: diverse colonie dell'idrozoo piuma (*Pennaria disticha*), alte alcuni centimetri, spuntano da un tappeto di alghe (in basso a destra). I singoli polipi di questo cnidario, grandi poco meno di un millimetro, sono visibili sui rami laterali. I loro tentacoli filiformi sono ricoperti da microscopici cnidociti che servono a catturare gli animali del plancton e che possono anche avere un forte effetto urticante sulla nostra pelle.

Erbivori

Animali mobili

Tra gli animali mobili presenti sui fondali rocciosi soleggiati vi sono molti erbivori che si nutrono di micro- e macroalghe.

La lepre marina (*Aplysia depilans*) ...

... è un gasteropode senza conchiglia esterna lungo fino a 30 cm, che spicca anche in una fitta foresta di alghe brune (a sinistra). Le "orecchie" arricciate a forma di cucchiaio sulla testa sono le narici, al di sotto delle quali si trovano due piccoli occhi di colore grigio chiaro (1). Nella parte anteriore della testa, si possono vedere i lobi boccali con bordo chiaro su entrambi i lati, con i quali viene esaminato il cibo. Come tutti gli animali erbivori, la lepre marina ha bisogno di consumare grandi quantità di cibo e quindi passa la maggior parte del tempo a brucare. Ne conseguono notevoli quantità di feci (2), che consistono principalmente in polisaccaridi poco digeribili come la cellulosa e l'alginato, abbondantemente presenti nelle alghe. Tuttavia, i composti di azoto e fosforo, particolarmente necessari per gli animali, vengono completamente estratti dall'alimento durante la digestione.

La riproduzione della lepre marina

In alto a destra: solo raramente si vedono due animali così vicini l'uno all'altro. Di solito si tratta del corteggiamento che precede l'accoppiamento. In basso a destra: le lepri marine sono ermafrodite – prima dell'accoppiamento "negoziano" chi contribuirà con gli ovuli e chi con gli spermatozoi. Sotto: poco dopo, è possibile osservare dei cordoni di uova a forma di spaghetti attaccati alle alghe. Al loro interno maturano centinaia di uova, dalle quali si schiudono, dopo qualche settimana, microscopiche larve di lepre marina. Per mesi, le larve circolano nel mare come parte del plancton prima di stabilirsi, da minuscole lepri marine, nuovamente nelle foreste di alghe. Le aplisie sono tra le poche specie di gasteropodi in grado di nuotare: Un aplisia "volante" è visibile nella pagina successiva (a pag. 162 è descritto un altro gasteropode nuotatore).

Plaut, I., A. Borut, Spira, M.E. **Growth and metamorphosis of *Aplysia oculifera* larvae in laboratory culture**
Marine Biology, 122: 425-430 (1995)

Volando col mantello

Le lepri marine sono uno dei pochi gasteropodi in grado di nuotare. A questo scopo utilizzano i lobi del mantello in modo simile alle ali degli uccelli.

Tossina purpurea
Se disturbate, le lepri marine possono espellere un veleno di colore rosso intenso, l'aplysiatossina, che producono dal loro cibo a base di alghe (sotto).

Alghe rase al suolo

I ricci di mare sono tra i più importanti erbivori dei fondali rocciosi soleggiati. In zone densamente colonizzate dai ricci di mare questi brucatori possono trasformare le superfici ricoperte da alghe in distese di roccia nuda in pochi anni.

Riccio edule e riccio nero

Luce, onde e acqua calda

Due specie di ricci di mare si trovano spesso sui fondali rocciosi in acqua bassa, una zona in cui le condizioni sono ideali per la crescita del loro cibo, le alghe: molta luce, temperature elevate e acqua mossa che favorisce la respirazione delle piante. Entrambe le specie hanno spine molto affilate e fragili, e di solito si distinguono per la loro colorazione.

Riccio edule (1)

Gli aculei del riccio edule (*Paracentrotus lividus*) sono di colore marrone o viola scuro; nelle foto, il substrato che lo circonda è privo di alghe.

Tipica ornamentazione dorsale

I riccio edule spesso raccoglie degli oggetti dal fondo e li fissa sul dorso usando i suoi numerosi e sottili pedicelli ambulacrali. Di solito si tratta di frammenti di alghe, conchiglie

o ciottoli, ma alvolta possono anche essere degli oggetti artificiali gettati in mare (foto a destra). Le ragioni per questo peculiare comportamento non sono note. Viene interpretato alternativamente come protezione contro la sedimentazione o contro le radiazioni ultraviolette, come raccolta di cibo, come mimetismo ottico o protezione meccanica contro eventuali predatori, o come semplice risultato di un riflesso di prensione.

Riccio nero (2) senza copertura

L'altra specie con aculei molto appuntiti, il riccio di mare nero (*Arbacia lixula*, foto sotto), ha sempre il guscio scoperto, perché gli mancano i pedicelli sul dorso. Inoltre, a differenza del riccio edule, le sue spine sono disposte in modo più regolare e sono di colore nero vellutato.

Crook, A.C. **Individual variation in the covering behavior of the shallowwater sea urchin Paracentrotus lividus** *Mar Ecol 24(4): 275–287 (2003)*

Denti ricrescenti

Con i loro cinque denti, i ricci di mare dei fondali rocciosi sono perfettamente adattati a raschiare le alghe dal substrato duro. In modo simile agli animali da pascolo terrestri come roditori o ungulati, i denti dei ricci di mare ricrescono costantemente per compensare la forte perdita di materiale che si verifica durante l'alimentazione. I caratteristici segni di brucatura a cinque raggi sono visibili a pag. 47 nell'immagine in basso a sinistra.

Il riccio di prateria (*Sphaerechinus granularis*) (3) ...

... colonizza i fondali rocciosi più in profondità, dove l'azione delle onde è minore. È più grande e più sferico del riccio edule (1) e del riccio nero (2) (vedi pag. 31), e le sue spine viola hanno la punta bianca smussata. A pag. 80 è illustrata una particolare strategia di difesa del riccio di prateria contro il suo principale predatore.

Non tutti i ricci violacei sono ricci di prateria

Un ulteriore esempio per rendersi conto che il solo colore di un animale spesso non basta per identificarlo bene: gli aculei violacei del riccio di prateria hanno punte bianche, gli aculei del riccio edule possono essere sia di colore marrone chiaro che marrone scuro, ma anche verdastri o violacei, e gli aculei del riccio nero sono sempre vellutati, ma il loro colore varia dal marrone scuro al nero. Il riccio mostrato qui sotto a sinistra, nonostante il suo colore viola, non è un riccio di prateria, ma un riccio edule.

I gusci facilitano la distinzione

In basso a destra: gli scheletri delle tre specie di ricci di mare più comuni sono fragili, ma spesso reperibili. Verde: *Paracentrotus lividus* (riccio edule), viola: *Sphaerechinus granularis* (riccio di prateria), rossastro: *Arbacia lixula* (riccio nero). Le file radiali di sporgenze emisferiche rappresentano le articolazioni per gli aculei. I piccoli fori disposti in modo simile sono i punti di uscita dei pedicelli ambulacrali.

Orecchia di mare e Astrea

L'orecchia di mare è crepuscolare

L'orecchia di mare (*Haliotis tuberculata*) è probabilmente il gasteropode più schivo dei fondali rocciosi soleggiati. Trascorre le ore di luce nascondendosi sotto massi e in fessure (1). Solo al crepuscolo, protetta dall'oscurità, si sposta in cima alle rocce per raschiare le alghe (immagine in basso a sinistra). In questo modo riduce la pressione predatoria da parte dei pesci diurni e molluschivori come le orate.

Resti di un pasto di pesce

Ma non sempre il successo è assicurato! L'immagine (2) mostra la conchiglia di un'orecchia di mare, il resto del pasto di un pesce. Se le conchiglie, lunghe fino a sette centimetri e con uno strato di madreperla argenteo e riflettente all'interno, rimangono sul fondo col lato lucido rivolto verso l'alto, sono ben visibili dalla superficie.

Le astree pascolano anche di giorno

Un altro gasteropode che si nutre della ricca offerta di alghe e lo fa anche durante le ore diurne, è l'astrea (*Bolma rugosa*). La sua conchiglia molto solida la protegge bene dai denti dei pesci e dalle pinze dei granchi, sempre che venga scoperta nonostante il feltro di alghe che la ricopre e nasconde bene (3).

Un coperchio protettivo di colore appariscente

Le astree possono chiudere saldamente il loro guscio con un opercolo arancione brillante (4). In questo modo si proteggono da calamari e stelle marine che sopraffanno le loro prede con le sostanze chimiche tossiche contenute nella loro saliva. Lo scopo del colore arancione sulla parte inferiore dell'opercolo, detto ancheOcchio di Santa Lucia, non è chiaro.

Un'intrepida orecchia di mare si nutre di un'alga bruna, con gli occhi e i tentacoli filiformi vigili.

Il paguro zamperosse ...

... (*Clibanarius erythropus*) preferisce le zone meno folte della foresta di alghe brune. Con movimenti precisi e veloci delle sue chele marroncine (immagine in basso) bruca il tappeto di piccole alghe. Grazie alle sue antenne arancioni e alle macchie argentee sugli occhi si distingue facilmente dalle altre quattro specie di paguri, che comunque preferiscono un altro habitat (p. 72 e 148).

Una conchiglia adeguata protegge il corpo morbido

Come tutti i paguri, nasconde il suo morbido addome vermiforme in un guscio di gasteropode che comunque "calza" bene solo per un periodo limitato. Le conchiglie più frequentemente usate sono quelle dei murici (*Truncurariopsis trunculus*), delle torricelle (*Cerithium* sp.) e dei biscacchi (*Phorcus* sp.). Talvolta, i paguri zamperosse si radunano in gruppi per scambiare le conchiglie tra loro, in modo che ognuno ottenga un guscio di dimensioni ottimali. Nelle pagine 72 e 148 conosceremo altri paguri di habitat diversi.

La granceola piccola (*Maja crispata*) ...

... (pagina successiva), con le sue zampe lunghe e sottili, si muove come un ragno nella fitta vegetazione di alghe (1). È difficile da scoprire, poiché il suo corpo è quasi completamente ricoperto di alghe. Se resta immobile, è praticamente invisibile.

Tricarico, E. et al. **Shell recruitment in the Mediterranean hermit crab *Clibanarius erythropus*** *J. Exp. Mar.Biol.Ecol. 381(1): 42-46 (2009)*

Un giardino curato sul dorso, ancorato con il principio del velcro

Esaminando attentamente il carapace di una granceola (2), si scoprono speciali setole uncinate, che funzionano in modo simile alla parte dura di un velcro, trattenendo saldamente i frammenti di alghe. Le granceole "piantano" attivamente le alghe su queste setole e curano il giardino che ne risulta, ottenendo così un'ottima mimetizzazione con l'ambiente circostante. Le chele sottili e appuntite (3) fungono da perfetto attrezzo da giardinaggio, consentendo al granchio di afferrare con precisione le alghe gelatinose e posizionarle sulle setole. Gli occhi, le chele, la parte anteriore e i lati del carapace sono senza setole e rimangono quindi privi di vegetazione (4).

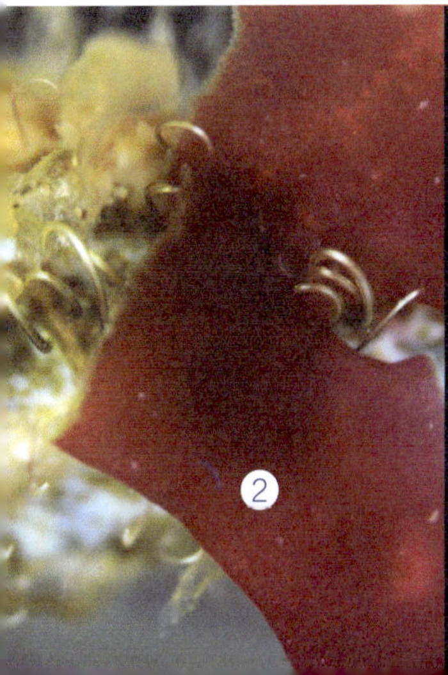

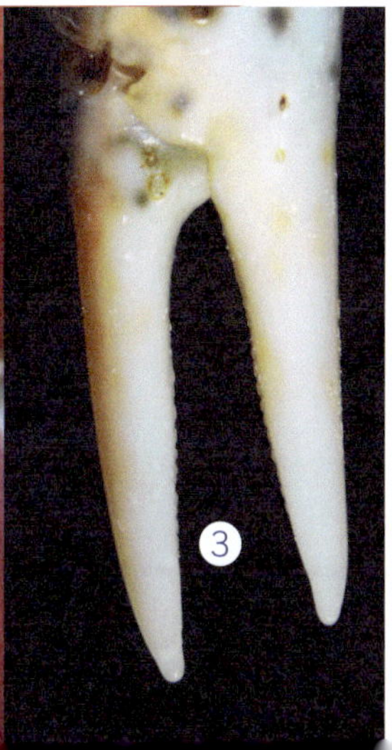

Misterioso motivo cromatico

Gamberetti gialli-blu, eppure quasi invisibili?

Il gamberetto di porto (*Palaemon elegans*) con le sue delicate chele a forma di pinzetta coglie il cibo da un feltro di alghe in acqua bassa. Il suo corpo trasparente presenta fasce scure trasversali lungo il corpo e zampe a bande blu-gialle, creando un enigma cromatico: da un lato, il contorno del corpo diventa meno visibile grazie alle bande scure, dall'altro, i colori forti e contrastanti sulle zampe sono molto appariscenti. Quale potrebbe essere lo scopo di questo schema cromatico contraddittorio?

Femmine di gamberetti di porto gravide ...

...portano sotto l'addome ben visibili gli embrioni verdastri (immagine in basso), che vengono rilasciati in acqua libera dopo una gestazione di poche settimane. Le larve, grandi solo pochi millimetri, vengono poi trasportate col plancton finché non si stabiliscono su un tratto di costa rocciosa adatto.

Pesci da branco al pascolo

La salpa (*Sarpa salpa*) ...

... è sicuramente il pesce erbivoro più importante del Mediterraneo. Le salpe possono raggiungere una lunghezza di 40 centimetri e pascolano nelle foreste di alghe in branchi che comprendono diverse centinaia di esemplari. Tutti i pesci di un branco hanno dimensioni quasi identiche, il che permette loro di reagire in modo coordinato e preciso agli attacchi dei predatori.

Occasionalmente, un branco di salpe si ferma, e per alcuni minuti bruca delle alghe specifiche (1). Sul bordo dei talli delle code di pavone (*Padina pavonica*) si possono notare i segni semicircolari dei loro morsi (2).

Arrivati attraverso il Canale di Suez: i pesci coniglio sostituiscono le salpe

Da poche decine di anni, nel Mediterraneo sono presenti nuove specie di pesce da branco erbivori: i pesci coniglio del genere *Siganus* (3). Queste specie sono migrate dal Mar Rosso al Mediterraneo attraverso il Canale di Suez e si stanno diffondendo lungo le coste del bacino orientale verso ovest. In alcune regioni, il pesce coniglio ha già completamente sostituito la salpa, probabilmente perché la sua dentatura gli permette una brucatura più efficace e completa delle alghe. Questa maggiore efficienza potrebbe derivare dall'adattamento di questi pesci all'ingestione di alghe più dure come sono presenti nelle barriere coralline tropicali.

Sala, E., Kizilkaya, Z., Yildirim, D., Ballesteros, E.
Alien marine fishes deplete algal biomass in the Eastern Mediterranean *PloS one, 6(2), e17356 https:// doi.org/ 10.1371/ journal.pone.0017356 (2011)*

Erbivori e predatori

Alcune specie di bavose sono erbivore
Immagini in alto: la bavosa mediterranea (*Parablennius incognitus*), lunga pochi centimetri, spesso bruca i tappeti di alghe basse. I maschi di questa specie usano i buchi abbandonati dei datteri di mare (*Lithophaga lithophaga*) come nidi per la deposizione delle uova. Spesso sporge solo la testa coi tentacoli ramificati sopra gli occhi.

Immagine in basso: Anche la bavosa sfinge (*Aidablennius sphynx*) si nutre di alghe che gratta da superfici rocciose piatte e ben illuminate. Soprattutto nei maschi, i tentacoli sopraorbitali sono ben visibili. Dietro gli occhi è presente una macchia ovale blu con bordo rosso.

Chele asimmetriche

A sinistra: Un favollo ha catturato una torricella (*Cerithium* sp.). Ora sta rompendo il guscio giro dopo giro per arrivare al corpo molle. È chiaramente visibile la forma diversa delle due chele: la chela destra, più robusta, con sporgenze bianche sul bordo interno, serve a schiacciare e rompere prede con guscio duro, mentre la chela sinistra ha il bordo interno tagliente e una punta precisa ed è utilizzata per afferrare e spezzettare le parti molli.

Favolli predatori

Nelle fitte foreste di alghe, numerosi predatori trovano rifugio e prede. Il favollo (*Eriphia verrucosa*) è il granchio più grande che si può incontrare facendo immersioni o snorkeling nel Mediterraneo. Il suo carapace raggiunge dieci centimetri di larghezza, e le chele in esemplari di questa taglia sono molto robuste e forti.

Immagine in basso: una femmina di favollo, ritiratasi in una fessura, si sente disturbata e assume una postura minacciosa. L'interno delle chele spalancate per difesa mostra un disegno giallo-blu contrastante che funge da segnale di avvertimento.

La massa marrone sulla parte ventrale dell'animale...

... sono le uova quasi mature, pronte a schiudersi: migliaia di larve nel secondo stadio larvale, detto Zoea, di notte verranno rilasciate in acqua per poi vagare per settimane come zooplancton di pochi millimetri nel mare aperto.

Predatori mimetizzati con propulsione a getto

Caccia efficiente nella foresta di alghe

La seppia (*Sepia officinalis*) caccia crostacei e pesci tra le alghe. Nella foto in alto, assume una posa mimetica nei confronti del fotografo: quattro dei suoi dieci bracci sono sollevati, rendendo il corpo dell'animale meno visibile tra i talli verticali delle alghe.

Vista eccellente, propulsione a getto e due arpioni micidiali

Gli occhi ad alta risoluzione permettono alla seppia di individuare le sue prede a grande distanza. Ben mimetizzata, si avvicina furtivamente e poi, spinta dall'espulsione di un getto d'acqua (immagine in basso a destra), si lancia verso la preda. Questa viene afferrata con i bracci corti intorno alla testa e uccisa con un morso velenoso dal becco uncinato situato al centro dei bracci.

La cattura della preda può avvenire anche a distanza, a più del doppio della lunghezza dell'animale. A questo scopo, la seppia, immobile in agguato, utilizza due bracci specializzati molto lunghi, con ventose solo sulla punta. Questi tentacoli vengono scagliati verso la preda con estrema velocità, in modo simile ad un arpione, e recuperati con la vittima catturata.

Le quattro foto sulla destra mostrano l'efficacia della mimetizzazione di questo animale.

Barbosa , A., Allen, J., Mäthger, L., Hanlon, R. **Cuttlefish use visual cues to determine arm postures for camouflage** *Proc Biol Sci. 2012 Jan 7; 279(1726): 84–90 (2012)*

Colorati e ghiotti di piccoli crostacei

Tordi ocellati

I labridi del genere *Symphodus* si nutrono principalmente di piccoli crostacei che trovano nei ciuffi di alghe. Il tordo ocellato (*Symphodus ocellatus*, immagine in alto) ha una macchia oculare verdastra con bordo rosso sull'opercolo. Nei maschi, questa macchia è particolarmente vivace durante la stagione riproduttiva all'inizio dell'estate. Le due immagini in basso mostrano un interessante comportamento riproduttivo:

Nidi di alghe

Il maschio in livrea riproduttiva costruisce diversi nidi di alghe, con materiale raccolto anche a notevole distanza (in basso a sinistra). Attorno ai nidi circolano gruppi di femmine marroni pronte per l'accoppiamento, che ripetutamente depongono le uova. In basso a destra, il maschio trasporta frammenti di alghe brune al nido. Accetta persino piante offerte da subacquei direttamente dalle loro mani!

Xantismo, una mutazione cromatica

Tra i numerosi esemplari femminili marroni occasionalmente si trovano individui di colore arancione brillante. Sono il risultato di una mutazione cromatica, nota come xantismo. Non è ancora chiaro se possono trasmettere questa caratteristica alla prole o se, a causa della loro maggiore visibilità, abbiano un maggiore successo riproduttivo o una mortalità più elevata.

Splendide donzelle

La donzella (*Coris julis*) ...

... è un altro labride predatore. Con la sua bocca dotata di denti aguzzi cattura granchietti o gasteropodi che a volte sbatte contro le rocce per romperne i gusci. I maschi sono vistosamente colorati con una banda a zigzag arancione su sfondo verde (a sinistra).

Ermafroditi proterogini

Le femmine (in basso a destra) hanno una colorazione marrone-bianca. Come tutti i labridi, anche le donzelle sono ermafroditi proterogini: iniziano la loro vita sessuale come piccole femmine per poi trasformarsi, dopo alcuni anni, in maschi più grandi (in basso a sinistra si vede una "fase intermedia"). Di conseguenza, nei labridi ci sono più femmine che maschi.

La donzella pavonina (*Thalassoma pavo*) …

… è strettamente imparentata con la donzella. In alto si può vedere una femmina, mentre a destra un branco di femmine sta cercando piccoli animali tra le alghe. I maschi (in basso) sono più grandi e hanno una colorazione ancora più vivace rispetto alle femmine. Il cambio di sesso avviene esattamente come nelle donzelle.

Dieta mista

Il sarago pizzuto (*Diplodus puntazzo*) ...

... si nutre di alghe, gasteropodi, vermi e crostacei che trova tra le alghe brune e sulle rocce. È distinguibile dalle altre specie di saraghi presenti nella foresta di alghe – *D. sargus*, *D. vulgaris* e *D. annularis* – per il suo muso appuntito e il profilo concavo.

Il sarago fasciato (*Diplodus vulgaris*) ...

... è facilmente riconoscibile per le sue due fasce nere. A volte forma branchi di diverse centinaia di individui, sempre composti da animali di taglia simile.

Il ghiozzo testone (*Gobius cobitis*) ...

... è in agguato tra le rocce, ben mimetizzato, per sorprendere una preda (in basso a sinistra, 1). È il ghiozzo più grande del Mediterraneo e lo si incontra già in acque molto basse, subito al di sotto della zona intertidale. Nella stessa foto, si vede un ghiozzo incognito (*Gobius incognitus*) (2), molto più piccolo, che a volte diventa preda del ghiozzo testone. Nell'immagine in basso a destra, l'animale guarda direttamente verso la telecamera.

Il peperoncino rosso (*Tripterygion tripteronotus*) …
… caccia piccoli crostacei nel prato di alghe. I maschi sono più grandi e hanno colori più vivaci rispetto alle femmine. In basso, una femmina ben mimetizzata giace immobile tra le alghe. Intorno alla sua coda si possono distinguere delle piccole padine (*Padina pavonica*).

Lo sciarrano (*Serranus scriba*) ...

... si distingue facilmente dagli altri pesci grazie a una macchia azzurra sul ventre e alle pinne gialle. Osservando da vicino, sul suo opercolo si può notare il caratteristico disegno a scrittura da cui deriva il nome latino della specie. È un predatore importante nella foresta di alghe che tende agguati a pesci e crostacei, scattando rapidamente su di essi e inghiottendoli interi. Ne è testimone la sua grande bocca che arriva fin dietro all'occhio ed è capace di spalancarsi ampiamente.

Ermafroditi simultanei

Gli sciarrani sono ermafroditi simultanei: prima di ogni accoppiamento, devono concordare chi rilascerà le uova e chi il seme. L'accoppiamento avviene al crepuscolo e, con un po' di fortuna, si può anche osservare il rituale di corteggiamento (a destra).

Tuset V.M., Garcia-Diaz M.M., Gonzalez J.A., Lorente M.J., Lozano I.J.
Reproduction and growth of the painted comber *Serranus scriba* (Serranidae) of the Marine Reserve of Lanzarote Island (central-eastern Atlantic)
PloS one, 6(2), e17356 https://doi.org/10.1016/j.ecss.2005.02.026
Est Coast Shelf Sci 64:335-346 (2005)

sciarrano

Il fondale roccioso ombreggiato

Alghe verdi e rosse su fondali poco luminosi

A seconda dell'orientamento del fondale roccioso, nelle acque poco profonde, in prossimità delle zone esposte al sole e dominate dalle alghe brune, si trovano spesso zone ombreggiate meno densamente ricoperte di alghe. Qui crescono principalmente alghe verdi e rosse. Poiché a profondità maggiori la quantità di luce diminuisce, similmente a quanto avviene nelle zone ombreggiate delle acque basse, i fondali rocciosi più profondi sono anch'essi dominati dalle alghe verdi e rosse. Nel Mediterraneo, questa zona scarsamente illuminata, dove le alghe riescono ancora a crescere, si estende dai 5 ai 100 metri di profondità, in funzione della torbidità media dell'acqua.

Più buio, più animali planctofagi

Con la diminuzione della luce, in questi habitat rocciosi aumentano gli animali sessili che si nutrono di plancton.

Il serpulide *Protula tubularia*

Adattati all'ombra

Un alto tasso di clorofilla risulta in un colore verde scuro

Le alghe verdi adattate all'ombra sono di un verde scuro, poiché le loro cellule contengono alte concentrazioni di clorofilla necessarie per sfruttare al meglio le ridotte quantità di luce.

Palla e candelabro verdi

La palla verde (*Codium bursa*, in alto) è una delle alghe più grandi e appariscenti del Mediterraneo. Il suo tallo ha la forma di una sfera appiattita e può raggiungere un diametro di 20 cm. Il candelabro verde (*Codium fragile*, in basso a destra),

strettamente imparentato, è di una simile colorazione verde scuro. Nel moto ondoso mostra un caratteristico movimento ondulatorio. Il tallo, in entrambe le specie, è composto da innumerevoli filamenti cellulari intrecciati tra loro. Le piccole alghe squamiformi di colore verde chiaro che crescono accanto sono la monetina di mare (*Halimeda tuna*).

Cristalli di calcare come sostegno e protezione dai predatori

A sinistra: i talli più grandi della monetina di mare sono costituiti da numerose foglioline rotonde in fila, unite ai bordi, e raggiungono diversi centimetri di altezza. Contengono notevoli quantità di cristalli di calcare, il che li rende duri e difficilmente commestibili per i pesci.

Ventagli di mare

In alto a sinistra: Un tappeto di ventagli di mare (*Flabellia petiolata*) di colore verde scuro, in parte ricoperti dalla caulerpa fogliosa (*Caulerpa prolifera*), che è di colorazione più chiara. Il ventaglio di mare consiste di un breve gambo che si allarga in una lamina ondulata a forma di ventaglio.

In alto a destra: I talli più vecchi sono già ricoperti da alghe biancastre, e i loro margini parzialmente sfrangiati da erbivori a dal movimento dell'acqua. I ventagli giovani, invece, sono ancora di un verde uniforme e hanno i bordi regolari.

Più in profondità inizia il regno delle alghe rosse

Nelle zone ancora più scure dominano le alghe rosse. Nell'immagine in basso a sinistra, i ricci di mare hanno brucato lo strato di alghe così intensamente che in alcune parti emerge la roccia nuda.

Pigmenti d'ombra per l'assorbimento della scarsa luce

Le alghe rosse, oltre alle comuni clorofille presenti in tutti i gruppi di piante, possiedono pigmenti fotosintetici accessori, chiamati ficoeritrine e ficobiline. Questi "pigmenti d'ombra" permettono loro di sfruttare al meglio la luce blu-verde che prevale nelle zone oscure dove crescono. Poiché le lunghezze d'onda blu-verdi vengono assorbite, le alghe rosse assumono una caratteristica colorazione rossa-arancione che deriva dalla luce che emettono.

1

2

Una superficie mucosa

La maggior parte delle alghe rosse ha talli morbidi e cartilaginosi con una superficie mucosa (1) che impedisce ad altri organismi di attecchire facilmente su di esse.

Le corallinacee

Anche la specie *Gelidium* sp., che nell' immagine cresce su una parete rocciosa verticale e ombrosa, presenta un tallo morbido e leggermente mucoso (2). Tuttavia, un gruppo di alghe rosse depone grandi quantità di carbonato di calcio nel proprio tallo, diventando rigide. Queste alghe sono note come "alghe rosse calcaree" o corallinacee. Nella foto (2), l'alga calcarea *Lithophyllum sp.*, che ha una crescita tipicamente incrostante, ricopre gran parte della roccia intorno al *Gelidium*. Un'altra corallinacea, la corallina comune (*Corallina elongata*) (3), ha invece una crescita eretta e ramificata, a forma di cespuglio. Irrobustite dal calcare incorporato che riduce il rischio di essere predate, le corallinacee sono molto longevi.

Estesi popolamenti

Su alcune pareti rocciose ombreggiate, dopo diversi anni di crescita, possono svilupparsi dei vasti popolamenti monospecifici di corallina comune (4).

3

4

Senza luce artificiale ...

... le alghe rosse, a profondità maggiori, non mostrano affatto i loro colori vivaci. Il rosso, a più di dieci metri di profondità, appare grigio e diventa così un colore mimetico, soprattutto per gli animali. Nella foto accanto, si vede una seppia sopra un tappeto di alghe rosse. Per mimetizzarsi, solleva i tentacoli affinché assomiglino alle alghe circostanti. Persino le punte dei suoi tentacoli imitano il colore bianco dell'apice delle alghe.

Alghe rosse di colore blu?

Alcune alghe rosse -- come la *Lomentaria clavellosa* -- sorprendono per le loro sfumature iridescenti bluastre che sovrastano il colore rosso tipico del gruppo. Questo effetto non è dovuto ai pigmenti, bensì a interferenze causate da nanostrutture presenti sulla superficie delle alghe, di dimensioni intorno ai 100 nm. Tali strutture potrebbero fornire all'alga una protezione contro i danni da radiazione luminosa.

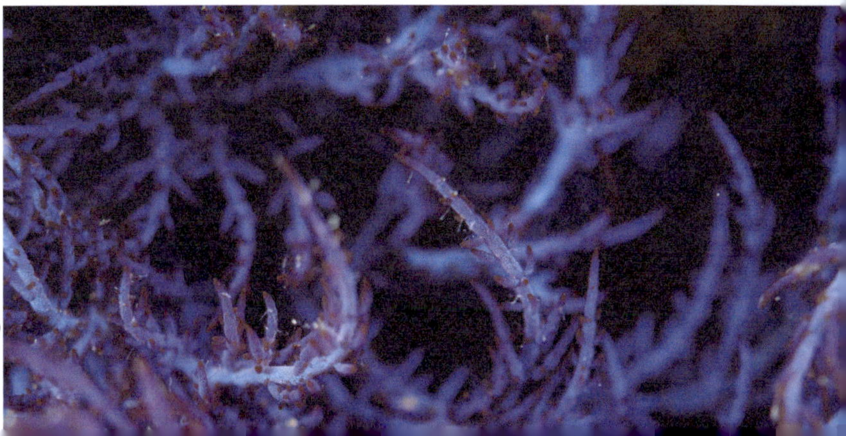

Chandler, Chris J., et al.
Structural color in marine algae
Advanced Optical Materials 5.5 : 1600646. (2017)
https://doi.org/10.1002/adom.201600646

Gli animali sessili delle zone ombreggiate

Animali che assomigliano alle piante

Le rocce ombreggiate sono spesso popolate da animali sessili. Di frequente, per forma e struttura del corpo, questi animali ci ricordano più le piante che le forme animali a cui noi esseri terrestri siamo abituati.

Le caratteristiche "classiche" degli animali terrestri

Le caratteristiche che osserviamo negli animali terrestri comprendono la motilità (la capacità di muoversi), la mobilità (la capacità di spostarsi da un luogo all'altro) e la presenza di testa, occhi e arti. Tuttavia, queste caratteristiche non sono obbligatorie per tutti gli animali.

La differenza tra animali e piante sta nel metabolismo

Un organismo fisso e immobile non deve per forza essere una pianta. La differenza fondamentale tra piante e animali risiede esclusivamente nel funzionamento del loro metabolismo. Le piante utilizzano come fonte di energia la luce solare e come fonti di materia l'anidride carbonica e i sali nutritivi, mentre gli animali si nutrono di altri organismi che forniscono loro sia energia che materia.

Gli animali sessili si nutrono di plancton

Molti animali sessili, con la loro forma ramificata e allargata verso l'alto, assomigliano alle piante solo per il fatto che, come le piante, devono raccogliere efficacemente una risorsa vitale distribuita nell'ambiente sopra il fondo. Per le piante, questa risorsa è la luce, che dall'alto irradia sulle foglie e che, tramite la fotosintesi, fornisce loro l'energia vitale. Per gli animali sessili, invece, è il plancton, finemente distribuito nell'acqua e trasportato dalle correnti, che essi raccolgono e concentrano costantemente con organi filtranti specializzati, ottenendo così le loro sostanze nutritive.

Margherite di mare

A destra: Un tappeto di margherite di mare (*Parazoanthus axinellae*), di colore giallo intenso, domina la biocenosi su una parete rocciosa verticale e ombreggiata. Sparse tra i polipi, si riconoscono alghe rosse e verdi.

Tentacoli intorno alla bocca

A sinistra e in basso a sinistra: Osservando attentamente i polipi, si nota la bocca a forma di fessura al centro del disco orale che, ai bordi, è munito di numerosi tentacoli per la cattura di piccole prede. Le particelle biancastre sul gambo dei polipi sono granelli di sabbia incorporati che assumono una funzione protettiva.

Contrazione in caso di disturbo

A destra: Una colonia di margherite di mare avvolge una palla di mare con i suoi stoloni. I polipi si sono contratti a seguito di un disturbo e appaiono come piccoli nodi. Dopo alcune ore, si rigonfieranno d'acqua e saranno di nuovo pronti per catturare il plancton.

Ottocoralli

A sinistra: Un gruppo di polipi della cornularia (*Cornularia* sp.) forma un piccolo insediamento tra alghe rosse. Questi coralli proliferano tramite una rete di sottili stoloni e possono così anche ricoprire altri organismi.

Ottocoralli e Esacoralli

A forte ingrandimento (foto sotto) si nota che i polipi della cornularia possiedono otto tentacoli pennati, una caratteristica che li identifica come appartenenti al gruppo degli "ottocoralli ". Questo li rende facilmente distinguibili persino sott'acqua dai membri del loro gruppo gemello all'interno degli antozoi, gli "esacoralli ", che hanno sempre un multiplo di sei tentacoli non pennati. I rappresentanti più conosciuti degli esacoralli sono gli anemoni, le margherite di mare e le madrepore (vedi pag. 59 e segg.). In basso: Un corallo molle della specie *Alcyonium acaule*, detto anche "mano di morto ", cresce quasi orizzontalmente da una parete rocciosa.

Come si può vedere dal numero dei tentacoli dei polipi bianchi che sporgono dalla massa carnosa del cenenchima, anche la mano di morto appartiene agli ottocoralli.

Gorgonie

Filtratori altamente specializzati

La gorgonia gialla (*Eunicella cavolini*) colonizza pareti rocciose molto ombreggiate (a sinistra). Le colonie, di solito, hanno ramificazioni uniformi su un solo piano e crescono perpendicolari alla direzione più comune delle correnti. Questa disposizione è ottimale per catturare il plancton dall'acqua passante.

Le gorgonie possiedono un'asse interno corneo flessibile

Questo scheletro è, a seconda della specie, avvolto da un tessuto molle arancione, bianco o viola, il cenenchima, nel quale sono incorporati corpuscoli di calcare protettivi, gli scleriti. In caso di disturbo, i polipi si ritirano rapidamente nel cenenchima, e l'apertura che rimane viene chiusa da un collare a otto lembi, visibile nell'immagine in basso alla base dei polipi distesi (1).

Competizione per gli spazi ottimali

Carenza di spazio

Occasionalmente, alcune alghe rosse (immagine in basso) o altri animali sessili come una colonia di idrozoi (immagine in alto), riescono a ricoprire i ventagli delle gorgonie. Questo fenomeno illustra bene la forte competizione tra gli organismi sessili per gli spazi di crescita migliori.

Gorgonie in acque fredde

Una temperatura di venti gradi è il limite

Ben al di sotto della zona delle alghe – nel Mediterraneo a partire da profondità di 20 metri – cresce la paramuricea o gorgonia rossa (*Paramuricea clavata*), che può raggiungere un metro di altezza. Non sopravvive in acque più basse a causa delle temperature estive che qui possono occasionalmente superare i 20°C.

Anche resti di animali e piante sono una fonte di cibo

Negli organi filtranti di tutti gli animali sessili che si nutrono dalla corrente, rimangono intrappolati non solo organismi planctonici, ma anche resti di animali e piante che galleggiano nell'acqua, già agglomerati e ricoperti di batteri. Nella foto, questi detriti organici sono visibili come particelle bianche nei tentacoli di una paramuricea, e anch'essi servono come fonte di cibo per i polipi.

Serpulidi

Il serpulide *Protula* sp. (in alto a destra), con la sua corona di tentacoli ciliati, cattura microplancton dall'acqua passante, che nell'immagine scorre da sinistra a destra. Se disturbato, si ritira rapidamente nel suo tubo calcareo.

Un opercolo per chiudere il tubo

Un'altra specie di serpulide che colonizza i fondali rocciosi ombrosi è la serpula (*Serpula vermicularis*, grande immagine a sinistra). Diversamente dal genere precedente, un raggio della sua corona di tentacoli si è evoluto in un opercolo peduncolato, con cui può chiudere l'apertura del tubo.

Prolungamento del tubo calcareo

La serpula può coprire l'estremità del suo tubo con una sottile membrana rossa. Sotto di essa, secerne nuovo calcare, ampliando così il suo tubo per tutta la vita.

Un verme terebellide raccoglie detrito da una spugna

I filamenti bianco-bluastri che sembrano crescere dal rognone di mare (immagine in basso a destra) sono i tentacoli mobili di un verme terebellide, noto anche come verme spaghetto. Il corpo dell'animale è a forma di sacco ed è protetto da un tubo di fango autocostruito, situato in una fessura della spugna. I tentacoli sono appiccicosi e raccolgono particelle di cibo cadute sul fondo, che vengono poi trasportate verso la bocca tramite ciglia sottili, formando delle palline di cibo sempre più grandi (1, 2, 3).

Ascidie, ostriche e briozoi

In alto: Sulla parte superiore di una roccia fortemente erosa crescono delle alghe brune. In una nicchia ombreggiata sottostante si vede una patata di mare (*Halocynthia papillosa*) di colore rosso intenso, e ancora più in basso, sporgono due ostriche.

Le ascidie sono strettamente imparentate con i vertebrati

Crescono principalmente in zone buie dove possono resistere alla competizione per lo spazio con le alghe, che sono a crescita molto più rapida. Sono saldamente attaccate alla roccia e si nutrono di microplancton che filtrano dall'acqua usata anche per la respirazione: per farlo, aspirano costantemente acqua fresca attraverso un'apertura tubolare collocata all'estremità apicale, il sifone inalante. All'interno del corpo, l'acqua passa attraverso la faringe finemente fessurata che separa il plancton e assorbe l'ossigeno, e viene poi espulsa attraverso il sifone esalante posto lateralmente.

Rassomiglianze coi coralli

Il corpo di alcune ascidie è organizzato in modo simile a quello dei coralli coloniali, come nel caso della cosiddetta "fragola di mare " (*Aplidium elegans*, immagine sotto): qui, centinaia di individui formano una colonia compatta, condividendo grandi aperture esalanti, ma mantenendo individuali e più piccole aperture inalanti.

Ostriche

Come le ascidie, anche le ostriche si nutrono di microplancton che filtrano dall'acqua. Immagine in alto a destra: Se un'ostrica è indisturbata e sta filtrando l'acqua, è possibile vedere il corpo molle tra le due valve aperte. Si possono distinguere chiaramente le branchie filtranti grigie e corte appendici sensoriali scure al bordo della conchiglia, che al minimo contatto stimolano un riflesso di chiusura (confronta con la *Pinna nobilis* che vive su fondali sabbiosi, pag. 146). La chiazza arancione sulla conchiglia è una colonia di briozoi.

I Briozoi ...

... sono animali coloniali – i singoli individui sono microscopici. Assomigliano a delle piccole scatole calcificate da cui sporge una corona di tentacoli retrattile a forma di ferro di cavallo. Nell'immagine, i tentacoli appaiono come una peluria chiara e vellutata. I briozoi colonizzano quasi esclusivamente substrati rocciosi in ambienti scuri, poiché – come le ascidie – non possono competere con le alghe in zone ben illuminate. Verrebbero rapidamente sovrastati, perdendo l'accesso all'acqua fresca, ricca di nutrimenti e ossigeno. L'incrostazione nero-violacea nell'immagine qui sopra è una colonia del briozoo *Reptadeonella violacea*, mentre a sinistra crescono colonie di una specie arancione.

Briozoi con margini a forma di imbuto

La maggior parte delle specie cresce in una forma aderente al substrato, ma alcune si sviluppano verticalmente dal fondale, ottenendo così un migliore accesso all'acqua fresca e ricca di nutrienti e ossigeno – come qui la *Schizobrachiella sanguinea*, una specie molto comune e caratterizzata dai bordi rialzati a forma di imbuto, fragili e facilmente frangibili (vedi anche "Anemoni, coralli e briozoi" a pag. 86 e segg.).

Animali mobili delle zone ombreggiate

Predatori in assenza di cibo vegetale

Poiché sui substrati rocciosi ombreggiati le alghe sono scarse, tra gli animali mobili si trovano pochi erbivori. La maggior parte si nutre invece in modo predatorio. In alcuni gruppi come per esempio i nudibranchi, si è sviluppata un'alta specializzazione alimentare.

Il nudibranco *Cratena peregrina*...

... si nutre esclusivamente di idrozoi del genere *Eudendrium* (vedi immagine a sinistra e sotto). Di conseguenza, questi piccoli nudibranchi dai colori molto vivaci si possono spesso trovare nelle vicinanze delle loro prede.

La *Cratena* si nutre preferibilmente dei polipi che hanno appena catturato piccoli crostacei planctonici. Per evitare di essere a sua volta ferita dalle cellule urticanti, riesce non solo a "neutralizzare" le nematocisti con un meccanismo ancora sconosciuto, ma anche a immagazzinarle nelle sue appendici dorsali, dove fungono come arma di difesa contro eventuali predatori come labridi o saraghi.

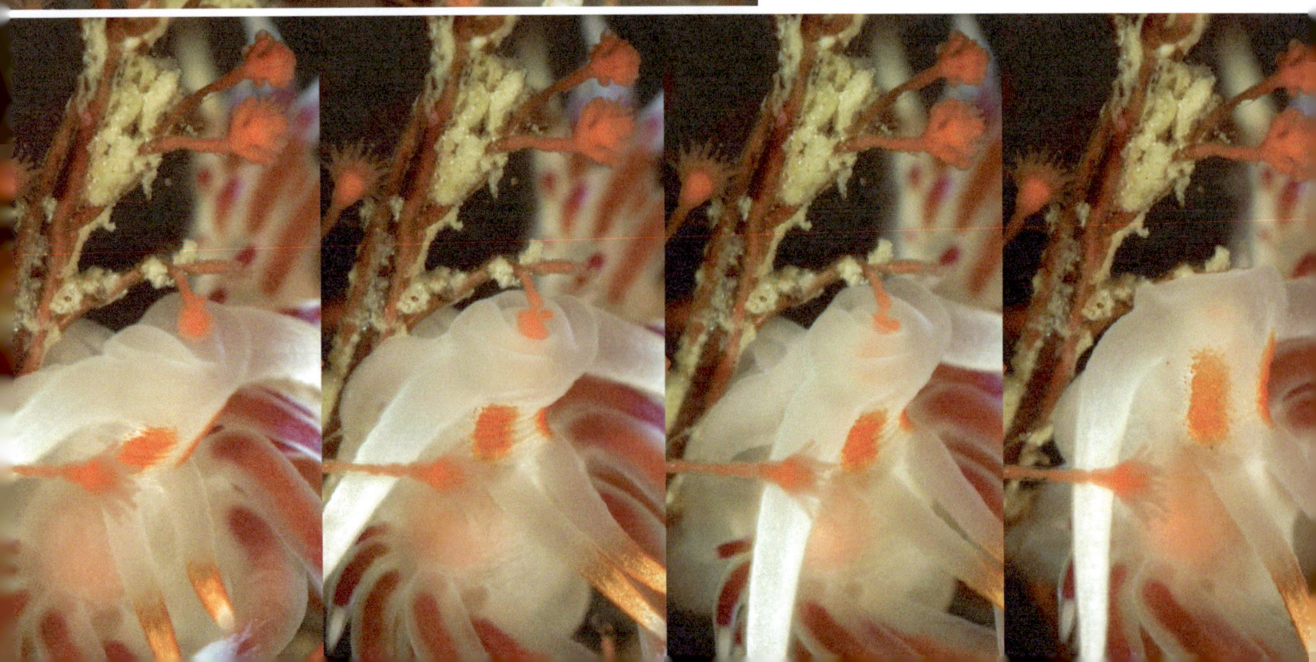

Dopo aver piluccato per settimane i polipi arancioni dalle colonie di idrozoi, il nudibranco depone nastri di uova sui resti della sua preda alimentare.

Willis, T.J., Berglöf, K.T.L., McGill, R.A.R., Musco, L., Piraino, S., Rumsey, C.M., Fernandez, T.V., Badalamenti, F.
Kleptopredation: a mechanism to facilitate planktivory in a benthic mollusc
Biol. Lett. 13: 04-47 (2017)
http://dx.doi.org/10.1098/rsbl.2017.0447

Greenwood, P.G. **Acquisition and use of nematocysts by cnidarian predators**
Toxicon 54, 8: 1065-1070 (2009)
https://doi.org/10.1016/j.toxicon.2009.02.029

Vermi di fuoco

Tra le centinaia di specie di policheti …

… nel Mediterraneo, il verme di fuoco o vermocane (*Hermodice carunculata*) è l'unico che gira impavido anche durante il giorno. Può raggiungere una lunghezza di 30 cm, si nutre principalmente di animali morti e assomiglia a un millepiedi.

Branchie ramificate

Ogni segmento del suo corpo è dotato di un paio di parapodi e, molto più evidente, di branchie rosse ramificate, fortemente vascolarizzate, e ciuffi di setole bianche e fragili. La testa è adornata da un'escrescenza morbida rossa, chiamata caruncola. La sua funzione è ancora sconosciuta, ma potrebbe trattarsi di un organo olfattivo con superficie ampliata, che permette al vermocane di localizzare rapidamente e con precisione le sue prede.

Le setole bianche sono velenose

La funzione delle setole calcaree bianche invece è chiara: si spezzano al minimo contatto e rilasciano un veleno nella pelle dell'aggressore che provoca infiammazioni dolorose, ma non particolarmente pericolose. Se queste spine dovessero penetrare nella pelle umana, si consiglia di rimuoverle con del nastro adesivo e di sciacquare con aceto diluito e acqua calda a 45°C.

Simonini, R. et al. **Synergy between mechanical injury and toxins triggers the urticating system of marine fireworms** *Journal of Experimental Marine Biology and Ecology 534: 148-157 (2021)* http://dx.doi.org/10.1016/j.jembe.2020.151487

Una misteriosa aggregazione di vermocani è stata fotografata al crepuscolo. Potrebbe trattarsi di un raro evento di accoppiamento di massa, oppure i vermi stanno assalendo in gruppo una preda ancorata al substrato.

Un vermocane passa sopra un paguro tubicolo (*Calcinus tubularis*)

A differenza di tutte le altre specie di paguri, le femmine del genere *Calcinus* si trovano spesso nei tubi calcarei vuoti, cementati sul fondo, dei serpulidi o dei vermeti, e solo raramente nelle conchiglie dei gasteropodi. Essendo perciò immobili, sono dipendenti o da cibo arrecato dalla corrente o da piccole prede che passano vicine. Se si scopre uno di questi paguri, si può provare a nutrirlo con pezzi di alghe. Di solito, vengono rapidamente accettati e portati alla bocca dalle chele. Le ragioni per questo stile di vita immobile non sono note, ma è possibile che le piccole femmine dei paguri tubicoli soccombano nella competizione per conchiglie vuote ad altre specie di paguri e, per necessità, accettano i tubi cementati al substrato.

Uno di questi concorrenti per gusci vuoti ...

... potrebbe essere, ad esempio, il paguro striato (*Pagurus anachoretus*). È frequente in zone ombreggiate e può essere facilmente identificato grazie alle bande viola sulle gambe e sulle antenne, oltre che agli occhi turchesi. Come per tutti gli animali, anche per questo paguro uno sguardo attento all' apparato alimentare può fornire indizi sulla sua dieta (immagine in basso a destra).

Busato, P. et al. **Competitive dynamics of a Mediterranean hermit crab assemblage: the role of interference and exploitative competition for shells** *Journal of natural history 32: 1447-1451 (1998)* https://doi.org/10.1080/00222939800770981

Il granchio peloso (*Pilumnus hirtellus*) ...

..., un piccolo predatore, si è insediato nella fessura di una roccia ombreggiata. I granchi pelosi sono molto timidi e raramente visibili così bene come sulla foto. Assomigliano un po' al favollo, che si trova spesso su fondali rocciosi soleggiati, ma le due specie si distinguono facilmente grazie a setole e noduli presenti sulla chela e alle diverse dimensioni del corpo.

Un attrezzo alimentare speciale

In basso: La chela destra, più grande, del paguro striato presenta delle protuberanze appuntite sul bordo interno. Con esse, vengono sminuzzati piccoli animali a guscio duro, come gasteropodi o altri crostacei.

Stelle marine rosse

Echinaster sepositus

Una stella rossa si muove lungo il confine tra sole e ombra su un fondale roccioso. Oltre i quattro metri di profondità il suo vivace colore rosso diventa un opaco marrone-verde, poiché la componente rossa della luce solare, a questa profondità, viene già assorbita dall'acqua (vedi pagg. 104-105).

Si nutre di particelle microscopiche

Se si capovolge una stella rossa per osservarne l'alimentazione, si vede solo una membrana gastrica rossastra, ma non si riconosce alcun cibo. Questo perché le stelle rosse si nutrono esclusivamente di particelle organiche microscopiche che vengono raccolte dal fondale e trasferite nello stomaco.

Respirazione tramite appendici branchiali

Osservando attentamente la superficie di una stella rossa, si possono notare moltissime appendici branchiali rosse, ben estese nell'acqua – come se la stella "respirasse affannosamente". Gli animali estendono queste delicate protuberanze specialmente durante la digestione per soddisfare il maggiore fabbisogno di ossigeno che ne consegue.

Nel Mediterraneo, esistono altre due specie di stelle marine rosse simili. Tuttavia, sono meno comuni e limitate alle regioni più calde. Le tre specie sono ben distinguibili facendo attenzione alle proporzioni dei bracci e al disegno sulla superficie dorsale.

Nel caso della stella arancio ...

... (*Hacelia attenuata*, sopra), i bracci si assottigliano verso le estremità, in modo simile alla stella rossa. Il disegno dorsale invece è costituito da diverse file regolari di macchie scure.

Nel caso della stella serpente...

... (*Ophidiaster ophidianus*, a destra) – la terza specie di stella marina rossa – i bracci sono cilindrici e di diametro costante per quasi tutta la loro lunghezza, restringendosi solo alle estremità e alle basi.

Stelle predatorie

Bracci agili e pedicelli ambulacrali

Le stelle marini predatorie hanno sviluppato un diverso metodo di alimentazione: utilizzano i loro bracci e i potenti pedicelli ambulacrali per sopraffare animali sessili di notevoli dimensioni, come ad esempio le cozze.

Colla da brevetto

Sorprendentemente, i dischi all'estremità dei pedicelli ambulacrali non sono ventose, ma dischi adesivi, dai quali viene rilasciata una proteina che non solo aderisce fortemente in ambiente umido ma che è anche scollabile rapidamente.

Algrain M et al.
In the footsteps of sea stars: deciphering the catalogue of proteins involved in underwater temporary adhesion
Open Biol. 12: 220103 (2022)
http://doi.org/10.1098/rsob.220103

Più di cinque bracci

La stella marina variabile (*Coscinasterias tenuispina*) ...

... differisce dalla simmetria pentamerale tipica degli echinodermi avendo quasi sempre da sei a dieci bracci. La maggior parte delle specie di stelle marine ha cinque bracci, e anche nei ricci, parenti stretti delle stelle marine, si alternano cinque doppie file di piastre spinose e cinque di piastre ambulacrali (vedi pag. 32 e pag. 200).

Predatore agile

La stella variabile è un predatore agile e, per una stella marina, piuttosto veloce, capace di nutrirsi anche di animali abbastanza grandi come questo dattero di mare (immagine sotto).

Lo stomaco digerisce al di fuori del corpo

Se si stacca una stella variabile dal substrato (immagine a sinistra), si può spesso osservare il suo stomaco estroflesso, che -- come nella maggior parte delle stelle marine -- svolge la sua attività digestiva all'esterno del corpo. In questo caso, sembra che la preda sia un bivalve insediato nella roccia, riconoscibile a destra in basso per i suoi tubi sifonali bianchi.

1

2

La martasteria (*Marthasterias glacialis*) con i suoi cinque bracci ...

... a prima vista somiglia alla stella variabile. Si distingue però per il numero di bracci, le dimensioni maggiori e, soprattutto, per le spine sul dorso: la martasteria ha meno spine, e queste sono circondate da gruppi di pedicellarie a tenaglia verdi anziché rossastri (1).

Vorace predatore

Un grande esemplare è stato capovolto, rivelando sette paguri (2), tenuti saldamente dai pedicelli ambulacrali giallastri. Evidentemente, la martasteria ha interrotto una "festa del cambio del guscio" dei paguri zamperosse (vedi pag. 34 e segg.) e stava già per digerirli.

Cinque occhi alle estremità dei bracci

Le macchie rosse sulle punte dei bracci (3) sono gli occhi della martasteria (nel cerchio rosso). Questi organi sensoriali non hanno lenti per concentrare la luce, quindi creano solo immagini grossolane che distinguono tra oggetti scuri e chiari. Tuttavia, queste immagini sfocate possono aiutare la stella marina a orientarsi, per esempio, nel trovare rifugi oscuri o nel determinare le fasi del giorno.

Branchie per la respirazione

Anche la martasteria, sulla parte dorsale dei bracci, possiede delicate appendici branchiali che estende nell'acqua ricca di ossigeno (4). Questa specie predilige le temperature basse ed è presente in acque poco profonde solo nella stagione fredda. Temperature dell'acqua piacevoli per noi esseri umani sono già troppo calde per le martasterie che migrano verso fondali rocciosi più profondi appena la temperatura supera i 23°C.

3

4

Difesa col veleno

Riccio contro martasteria

Anche il riccio di prateria (*Sphaerechinus granularis*) vive su fondali rocciosi più profondi, dove la luce e la forza delle onde sono più deboli. È più grande e più sferico rispetto alle altre due specie di ricci abbondanti in acqua bassa. I suoi aculei violacei sono corti, con punte chiare e arrotondate. Tuttavia, è ben protetto dal suo principale predatore, la martasteria, grazie a minuscole tenaglie velenose che spuntano tra gli aculei smussati.

In presenza di una martasteria ...

... il riccio di prateria percepisce un segnale specifico, forse una sostanza odorosa, che provoca una reazione immediata: gli aculei si inclinano lateralmente, lasciando spazio a pedicellarie velenose a forma di tenaglia. Questi pedicelli specializzati con punta a tre ganasce e centro chiaro si aprono e si preparano a colpire i pedicelli ambulacrali della stella marina in avvicinamento (1, 2, 3).

Veleno paralizzante iniettato

Al contatto, le piccole tenaglie si chiudono e iniettano un veleno paralizzante attraverso minuscoli denti, inducendo spesso la stella marina al ritiro e concedendo al riccio più lento un prezioso vantaggio per la fuga.

Ghyoot, M., Dubois, P., Jangoux, M.
The venom apparatus of the globiferous pedicellariae of the toxopneustid *Sphaerechinus granularis* (Echinodermata, Echinoida): Fine structure and mechanism of venom discharge
Zoomorphology 114: 73-82 (1994)
https://doi.org/10.1007/BF00396641

In agguato con spine velenose

Lo scorfanotto (*Scorpaena notata*) ...

... è un predatore molto comune su fondali rocciosi ombreggiati. Si apposta spesso su rocce leggermente rialzate, mimetizzandosi perfettamente con la vegetazione circostante e rimanendo immobile per ore, pronto a catturare pesci o crostacei. I suoi occhi relativamente grandi gli garantiscono un'ottima visione anche in condizioni di scarsa luce.

I pesci affamati sono più audaci

Sorprendentemente, quasi la metà degli scorfani catturati con reti da posta in estate durante una ricerca avevano lo stomaco vuoto – un risultato che potrebbe però essere influenzato da un errore sistematico nella pianificazione dello studio, poiché pesci affamati tendono ad essere più attivi e quindi a venir catturati più frequentemente.

Spine velenose con macchia oculare

Se disturbato, lo scorfanotto, come visibile nella foto, erige le sue spine dorsali velenose mostrando anche la caratteristica macchia scura al centro della pinna dorsale. Entrambi questi segnali servono a spaventare eventuali aggressori. In caso di puntura con le spine di uno scorfano vanno seguite le stesse misure di pronto soccorso come per la puntura della tracina (vedi pag. 140).

Morte et al. **Diet of *Scorpaena porcus* and *Scorpaena notata* (Pisces: Scorpaenidae) in the western Mediterranea**
Cah. Biol. Mar. 42 : 333-344 (2001)

Il ghiozzo boccarossa

Come lo scorfanotto, anche il ghiozzo boccarossa (*Gobius cruentatus*, immagine sopra) pratica la caccia all'agguato su fondali rocciosi ombreggiati. Può raggiungere una lunghezza di 18 cm, e solitamente occupa un territorio sotto rocce appoggiate su un fondo ghiaioso. Lo si distingue facilmente dalle altre specie di ghiozzo grazie alla caratteristica colorazione della bocca e alla tipica pinna dorsale eretta in caso di minaccia.

La bavosa cervina

La bavosa cervina (*Parablennius zvonimiri*, immagine sotto) è una specie che si trova quasi esclusivamente in zone rocciose ombreggiate. È piuttosto timida, ma grazie al suo colore rosso scuro e alla fila di macchie bianche sulla schiena si distingue chiaramente dalle altre circa venti specie di bavosa presenti nel Mediterraneo. Durante la stagione calda, il maschio, lungo fino a 10 cm, occupa i buchi abbandonati dei datteri di mare per accoppiarsi e covare le uova.

La bavosa ruggine (*Parablennius gattorugine*) ...

... è un'altra specie di bavosa che si può occasionalmente incontrare sui fondali rocciosi poco illuminati. Tuttavia, raggiunge più del doppio della lunghezza della bavosa cervina e presenta un caratteristico disegno a fasce scure verticali e tentacoli supraorbitali a forma di abete. La colorazione varia a seconda dell'ambiente: in alto a sinistra, tra alghe rosse, appare marrone, in alto a destra, nelle alghe brune, è di un verde oliva.

La bavosa bianca (*Parablennius rouxi*) ...

... si trova anch'essa su fondali rocciosi più profondi, restando solitamente piuttosto immobile. Il suo habitat preferito sono le superfici rocciose orizzontali, moderatamente ombreggiate, con ciottoli chiari e nudi, in zone calme, non soggette all'azione delle onde medie, generalmente oltre i tre metri di profondità. Si nutre di piccoli crostacei e alghe e rimane più piccola rispetto alle altre due specie di bavosa, non superando i sette centimetri di lunghezza. La colorazione bianca e uniforme insieme alla striscia nera che corre dall'occhio fino alla pinna caudale la rendono inconfondibile.

Le grotte oscure

Scarsa vegetazione

Le grotte marine sono cavità delimitate da rocce, quasi completamente isolate dalla luce solare. A causa della mancanza di energia luminosa, in questi habitat non può avvenire la fotosintesi, e di conseguenza non vi è una crescita significativa di piante che possa costituire la base di una catena alimentare.

Soprattutto animali sessili e planctofagi

Tuttavia, le grotte marine sono collegate agli habitat circostanti tramite l'acqua in movimento, e da lì ricevono un "menù" di plancton e particelle organiche sospese. Non sorprende quindi che questi ambienti oscuri siano principalmente abitati da animali sessili e filtratori che si nutrono di plancton. In grotte con elevata circolazione e acqua ricca di plancton, le pareti possono addirittura essere completamente ricoperte da organismi.

Distribuzione degli abitanti

Dall'ingresso della grotta verso le zone interne si può spesso osservare una successione caratteristica di organismi: vicino all'ingresso, proliferano varie specie di cnidari che qui trovano condizioni ideali: un'abbondante presenza di plancton più grande, alla cui cattura sono perfettamente adattati, e un elevato movimento d'acqua prodotto da onde e maree, che garantisce un continuo rifornimento di cibo. Più verso l'interno della grotta, in quello che è una sorta di "vicolo cieco" con movimento d'acqua quasi assente, predominano invece briozoi e spugne. Si nutrono preferibilmente delle frazioni più piccole del plancton che riescono a filtrare dall'acqua solo grazie ad una corrente che generano loro stessi.

Gli animali mobili utilizzano la grotta in modi diversi

Tra gli animali mobili presenti nelle grotte marine ci sono quelli che usano questo habitat come rifugio diurno o notturno, e altri che lo abitano in modo permanente.

All'ingresso un anemone delle Canarie

All'ingresso delle grotte talvolta cresce l'anemone delle Canarie (*Telmatactis circoides*). Si distingue facilmente dalle altre specie di anemoni grazie ai tentacoli con punta allargata a forma di bottoncino. Con questi tentacoli forti e robusti l'animale riesce a catturare prede di taglia notevole come gamberetti o piccoli pesci.

Sulle pareti le madrepore gialle

La madrepora gialla (*Leptopsammia pruvoti*) colonizza spesso le pareti e le volte delle grotte marine. Con tentacoli estesi, raggiunge appena due centimetri di diametro. Si nutre soprattutto di piccoli crostacei planctonici apportati dalle correnti o dalle onde.

Uno spettacolo raro: il corallo rosso

Immagine in basso: Diverse colonie di corallo rosso (*Corallium rubrum*) crescono ben protette in una nicchia della parete di una grotta. Le colonie hanno spesso una forma a ventaglio, con ramificazioni su un unico piano. I polipi bianchi spiccano nettamente contro l'asse rossa ed estendono i loro otto tentacoli nella corrente per catturare plancton e particelle sospese. Lo scheletro calcareo rosso e fragile del corallo è ricercato da millenni per la fabbricazione di gioielli. Di conseguenza, questa specie, che cresce molto lentamente, è diventata estremamente rara: le colonie nell'immagine, di appena dieci centimetri di altezza, hanno oltre 50 anni! Oggigiorno, popolazioni come queste si possono trovare solo in zone protette o molto isolate, o a profondità inaccessibili ai subacquei, ben oltre i 100 metri.

Gallmetzer, I. et al.
Slow growth and early sexual maturity: Bane and boon for the red coral *Corallium rubrum*
Estuar. Coast. Shelf Sci. 90, 1–10 (2010)
https://doi.org/10.1016/j.ecss.2010.04.018

Il falso corallo

Molto più spesso del corallo rosso, nelle grotte marine si possono trovare i cosiddetti falsi coralli (*Myriapora truncata*) di colore arancione. Non si tratta però di cnidari, ma di briozoi (vedi anche pag. 160). Le fragili colonie, a differenza del corallo rosso, si ramificano in tutte le direzioni come piccoli cespugli. Nella foto si nota una delicata peluria che circonda completamente i rami cilindrici e troncati. Sono le piccolissime corone di tentacoli dei singoli zoidi distesi per catturare il plancton.

Briozoi a forma di corna d'alce

Anche le colonie della *Schizoretepora serratimargo* sono frequenti nelle parti protette e buie delle grotte. I rami di questa specie sono appiattiti, e come nel falso corallo, la colonia cresce a forma di cespuglio e si ramifica in tutte le direzioni.

Forma ottimizzata per filtrare il plancton

Nelle specie sessili che si nutrono di plancton, la struttura cespugliosa indica che la direzione della corrente che porta nutrimento è variabile. Specie con colonie a forma di ventaglio invece vivono in luoghi dove la corrente ha una o due direzioni prevalenti. L'orientamento della struttura di filtraggio perpendicolare alla corrente consente una cattura delle particelle molto efficiente.

Correnti variabili

Nelle zone costiere più superficiali, fino a circa dieci metri di profondità, predomina un regime di correnti variabile, dovuto all'interazione di diversi tipi di onde marine. A profondità maggiori, invece, è più forte l'influenza delle maree e dalle grandi circolazioni oceaniche che comportano un regime di correnti più costante e prevedibile.

Riedl, R. **Biologie der Meereshöhlen. Topographie, Faunistik und Ökologie eines unterseeischen Lebensraumes. Eine Monographie.** *Verlag Paul Parey. Hamburg und Berlin, 636 p. (1966)*

Spugne nelle grotte

Comunità di spugne

La foto a sinistra mostra una tipica comunità di spugne delle grotte marine del Mediterraneo. La spugna di colore albicocca è chiamata Agelas (*Agelas oroides*). L'acqua intorno alle spugne è molto limpida, un segnale dell'attività filtratoria di questi animali (il funzionamento del loro apparato filtrante è descritto a pag. 21).

Le spugne marine: i più antichi animali pluricellulari

Le spugne moderne sono quasi identiche a quelle di 600 milioni di anni fa, e probabilmente devono il loro successo evolutivo ai loro veleni. I diversi colori vivaci, già a prima vista, indicano la varietà di composti chimici che producono.

Due "grandi invenzioni"

Gli agenti chimici delle spugne servono principalmente a proteggerle da infezioni microbiche e predatori. Staccando delicatamente un piccolo pezzo di una spugna e annusandolo all'aria, si può percepire il caratteristico odore – ogni spugna ha una fragranza unica, che spesso troviamo sgradevole.

La seconda invenzione evolutiva vincente delle spugne sono le minuscole spicole, ossia aghi microscopici di diverse forme, fatti di cristalli di calcio o silice. Insieme alle fibre di spongina (vedi pag. 22 e segg.), questi elementi strutturali fungono da supporto per il corpo, protezione dai predatori e distanziatori che impediscono ad altri organismi di avvicinarsi troppo e di ricoprirle.

Una spugna cornea del genere *Ircinia* ...

... riveste la parete di una grotta (foto a destra). Si tratta di una variante della stessa specie che, su fondo roccioso soleggiato, appare di colore grigio scuro (vedi pagg. 22-23). Nella grotta priva di luce, questa spugna non ospita cianobatteri ed è quindi di colore bianco. Nel buio si nutre esclusivamente di microplancton filtrato dall'acqua.

Il movimento d'acqua determina le forme di crescita

Le spugne che vivono in aree con scarsa corrente sviluppano una crescita eretta, spesso ramificata, per accedere meglio all'acqua fresca sopra il fondale. In presenza di correnti più forti, invece, crescono aderenti al substrato con forme più appiattite o a cuscino.

Corsa verso la corrente

Qui la spugna *Axinella damicornis* di colore giallo pallido compete per lo spazio con un briozoo della specie *Smittina cervicornis* (chiamato anche "corna di cervo "). Sulla superficie della spugna sono ben visibili i canali grigi attraverso i quali viene espulsa l'acqua già filtrata.

Non sono tracce di ventose di un polpo

Nell'immagine centrale si vede la superficie rosso carminio della spugna *Phorbas topsenti*, caratterizzata da numerosi crateri. Sul fondo di questi crateri si trovano placche cribrose cosparse da osti, i piccoli fori attraverso i quali la spugna aspira l'acqua. Il ruolo preciso dei crateri è sconosciuto. Tuttavia, si ipotizza che quando l'acqua passa sopra le pareti dei crateri, si possa creare una differenza di pressione sul fondo delle depressioni, facilitando il pompaggio dell'acqua da parte della spugna.

Le rare spugne blu

Solo pochissime specie di spugne nel Mediterraneo presentano una colorazione blu, il che le rende facilmente identificabili. Nell' immagine vediamo l'anchinoe azzurra (*Phorbas tenacior*) e la spugna arancione *Axinella verrucosa*. Entrambe le specie del genere *Phorbas* non sono limitate alle grotte oscure, ma crescono anche su fondali rocciosi ombreggiati, purché le alghe presenti in queste zone lascino loro spazio sufficiente.

Altri abitanti delle grotte marine

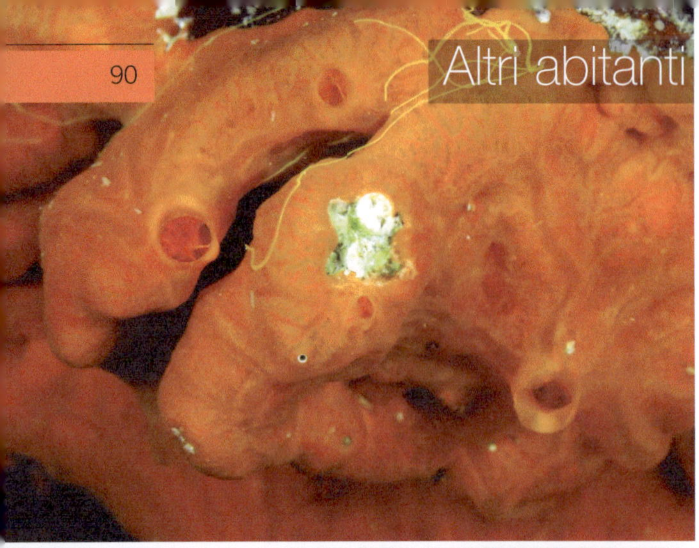

Nelle zone più buie...

...delle grotte marine, sulle pareti e sulle volte, cresce la spugna arancione *Spirastrella cunctatrix*. Nella parte destra dell'immagine accanto, si può notare che numerosi canali esalanti convergono a raggiera verso un osculo comune, prolungato a forma di tubo. I filamenti gialli visibili invece sono i tentacoli di un verme terebellide, usati per raccogliere particelle di cibo (vedi pag. 65).

Una colonia di ascidie

Osservando attentamente le pareti delle grotte, si possono scoprire organismi inaspettati tra le spugne predominanti, come questa colonia di ascidie del genere *Clavellina*. I loro individui, di uno o due centimetri di altezza, sono quasi completamente trasparenti, eccetto per le linee bianche attorno alle aperture del corpo. All'interno, il cestello branchiale che aspira l'acqua ricca di plancton appare blu iridescente. L'acqua entra attraverso il sifone inalante sulla sommità del corpo, passa tra le fessure della faringe dove le particelle alimentari vengono trattenute in una rete di muco, ed esce poi attraverso il sifone esalante sul lato.

La spugna *Petrosia ficiformis* ...

... cresce all'ingresso di una grotta. È facilmente riconoscibile dalla sua forma a cuscino e dal colore rosso-bruno. Al tatto, il suo corpo appare piuttosto duro, a differenza della maggior parte delle spugne.

La vacchetta di mare (*Peltodoris atromaculata*)

Questo nudibranco inconfondibile si trova spesso sulle Petrosie delle quali si nutre (pagina a destra in alto). Ovviamente è riuscito a sviluppare un metabolismo capace di neutralizzare le tossine della spugna. Questa non solo costituisce la base alimentare della vacchetta di mare, ma anche il luogo dove depone le uova. Racchiuse in una caratteristica spirale gialla, le uova aderiscono alla spugna rosicchiata e maturano per alcune settimane, fino alla schiusa di migliaia di embrioni.

Un'aragosta si rifugia ...

...in una nicchia della parete di una grotta durante le ore diurne (in basso a sinistra). Quasi tutto il corpo è nascosto, lasciando visibili solo le antenne, le prime tre paia di zampe e gli occhi. Sono anche chiaramente distinguibili le numerose spine robuste, rivolte in avanti per proteggere la testa dagli attacchi di grossi pesci predatori.

Nelle nicchie delle grotte spesso si nascondono ...

... i gamberetti pulitori del genere *Lysmata*, in attesa di pesci di passaggio pronti a farsi pulire. Nella foto in basso a destra si vede una bavosa ruggine (*Parablennius gattorugine*) durante questa operazione. Il gamberetto, leggermente dietro il piano di messa a fuoco, è visibile mentre si dedica alla pulizia. Quando un "cliente" si avvicina, il gamberetto lo tocca delicatamente con le antenne dietro una pinna pettorale. Se il pesce tollera questo gesto e rimane fermo, il gamberetto, con le sue minuscole chele, inizia a rimuovere i parassiti dalla pelle del pesce. Procede poi lentamente verso la testa, pulendo infine la bocca, la gola e persino le delicate branchie sotto gli opercoli, che il pesce spalanca volontariamente per agevolare l'operazione. Quando il pesce decide che il trattamento è sufficiente, segnala al gamberetto con alcuni movimenti bruschi di tornare verso la parete della grotta. Tuttavia, i gamberetti pulitori non dipendono esclusivamente da questa fonte di cibo. Si nutrono anche di altri piccoli animali e persino di anemoni del genere *Aiptasia*, come osservato in esemplari allevati in acquario.

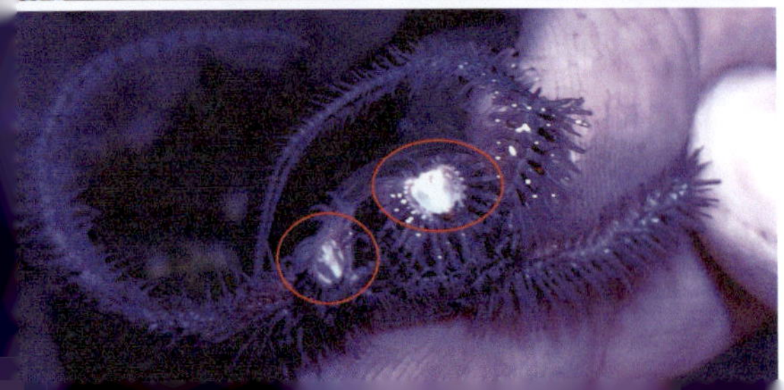

Il granchio delle grotte (*Herbstia condyliata*) ...

...sta espandendo la sua presenza nel Mediterraneo da alcuni decenni. In passato era considerato una specie rara: negli anni Cinquanta, Rupert Riedl, pioniere nello studio delle grotte marine mediterranee, probabilmente non l'ha mai incontrato durante le sue esplorazioni. Oggi, invece, si può osservare frequentemente, anche in gran numero, soprattutto sulle volte delle grotte e in spazi completamente bui.

"Pascolo" tramite "caccia non letale "

Un comportamento alimentare interessante di questa specie è documentato in questa sequenza fotografica: un granchio delle grotte cattura una stella fragile, ma quest'ultima sopravvive, perdendo solo due bracci che si rigenereranno nel giro di poche settimane. Questo comportamento ricorda il "pascolo" da parte degli erbivori ed è definito in biologia come "caccia non letale", descrivendo interazioni predatorie che non risultano letali per la preda.

Lipej et al. **The northernmost record of the Brachyuran *Herbstia condyliata* (Fabricius, 1787) and its distribution in the Adriatic sea (*Decapoda, Brachyura, Epilatidae*)** *Annales Ser.Hist.Nat.Vol.2, no.20, p.151–156 (2010)* https://zdjp.si/wp-content/uploads/2015/12/LIPEJ.pdf

Entro pochi decenni

Anche il pesce scorpione (*Pterois miles*) sta ampliando il suo habitat. Probabilmente, nel giro di pochi decenni, sarà regolarmente osservabile sui fondali ombreggiati e vicino alle grotte marine in gran parte del Mediterraneo. Questo predatore, che può raggiungere una lunghezza di 35 cm, è originario delle barriere coralline del Mar Rosso e ha raggiunto il Mediterraneo orientale attraverso il Canale di Suez, espandendo rapidamente verso ovest.

Dopo circa dieci anni di diffusione, ha già raggiunto l'Adriatico centrale, con la segnalazione più settentrionale registrata nel 2021 presso l'isola croata di Vis.

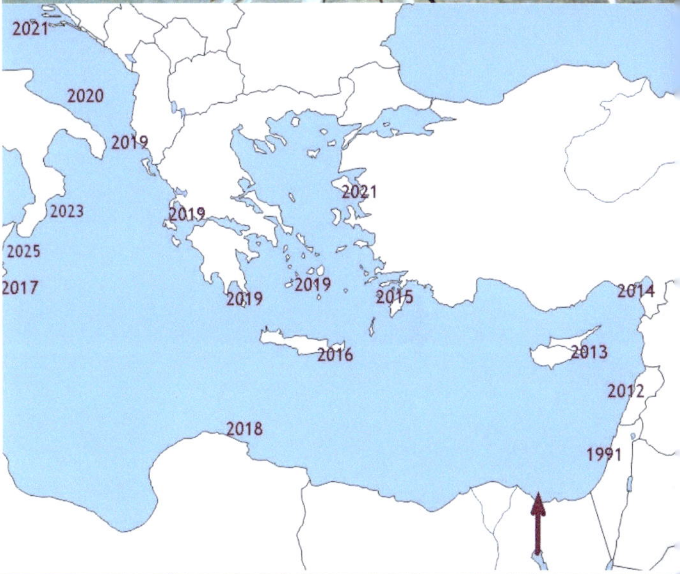

Solo nell'Adriatico settentrionale ...

... è improbabile che si stabilisca una popolazione stabile, poiché in inverno le temperature dell'acqua scendono per settimane sotto i 10°C, cioè al di sotto del limite di tolleranza di specie ittiche tropicali.

La dieta del pesce scorpione è simile a quella di specie autoctone come scorfani, serranidi e cernie. Ora compete con loro per prede bentoniche come saraghi, labridi, ghiozzi e bavose, ma nello stomaco sono stati trovati anche granchi e gamberetti.

L'estremo successo invasivo di questa specie probabilmente è attribuibile a una combinazione di fattori: la maturità sessuale precoce, una protezione efficace garantita dai lunghi aculei velenosi, la grande versatilità ecologica, le prede ancora impreparate a questo nuovo predatore, e il sovrasfruttamento dei grandi predatori autoctoni come cernie e squali.

Kletou, D. et al. **A lionfish (*Pterois miles*) invasion has begun in the Mediterranean Sea** *Mar Biodivers Rec 9, 46 (2016)* https://doi.org/10.1186/s41200-016-0065-y

Dragicevic B et al. **New record of *Pterois cf. miles* (Actinopterygii: Scorpaeniformes: Scorpaenidae) from the eastern middle Adriatic Sea (Croatian waters): Northward expansion** *Acta Ichthyologica et Piscatoria 51(4): 379-383 (2021)* https://doi.org/10.3897/aiep.51.75811

Bottacini, D. et al. **Lionfish (Pterois miles) in the Mediterranean Sea: a review of the available knowledge with an update on the invasion front** *NeoBiota 92: 233-257 (2024)* https://doi.org/10.3897/neobiota.92.11044

Le nicchie nelle pareti ...

... e persino le volte delle grotte sono l'habitat della cicala di mare o magnosa (*Scyllarides latus*). È una specie notturna che si nutre principalmente di molluschi.

Antenne a leva

Le cicale di mare sono strettamente imparentate con le aragoste (vedi pag. 91), ma a differenza di queste, il loro secondo paio di antenne è fortemente ridotto e trasformato in scudi appiattiti. Le appendici a forma di bastoncino tra gli scudi sono invece le prime antenne. Nella maggior parte dei crostacei decapodi (gamberi, aragoste, astici e granchi), il primo paio di antenne è utilizzato per percepire stimoli chimici come odori, ormoni o la salinità dell'acqua, mentre il secondo paio svolge funzioni meccaniche come organo tattile o, nel caso della cicala di mare, come leve.

Blocchi di roccia appoggiati sul fondo della grotta ...

... che favoriscono l'accumulo di sedimenti fini sul suolo, rappresentano l'habitat ideale per la galatea rossa (*Galathea strigosa*) e la più piccola galatea bruna (*Galathea squamifera*). Entrambe le specie si nutrono delle particelle organiche contenute in questi sedimenti che rastrellano dal fondale con le loro mascelle a forma di pennello.

Le chele possono rigenerarsi

Nella galatea bruna sulla foto, le mascelle blu-arancioni, disposte ai lati dell'apertura boccale rossastra, sono visibili ripiegate. La chela destra mancante è stata probabilmente sacrificata durante uno scontro con un predatore, ma verrà rigenerata nel giro di pochi mesi, durante le mute successive.

Polpi

Guardiani davanti al portone

Il predatore che costò la chela alla galatea bruna menzionata nella pagina precedente potrebbe essere stato un polpo (*Octopus* sp.). Questi molluschi senza guscio amano rifugiarsi in ampie nicchie rocciose con ingressi stretti. Al loro interno i polpi si nutrono, riposano e depongono le uova. Spesso, però, l'ingresso viene chiuso con resti di conchiglie o pietre che i polpi fissano dall'interno con le ventose sui loro tentacoli per impedire l'entrata a predatori notturni come murene o gronghi.

I resti del pasto davanti al rifugio

I polpi lasciano il loro rifugio principalmente durante il giorno per cacciare. Le incursioni si estendono anche a diversi metri di distanza, raggiungendo habitat come fondali rocciosi soleggiati o addirittura fondali sabbiosi. Qui catturano principalmente crostacei, gasteropodi e bivalvi. L'entità di questa connessione alimentare tra i diversi habitat può essere facilmente stimata osservando gli accumuli di conchiglie vuote di animali estranei all'ambiente immediato presenti davanti al rifugio di un polpo.

Predatori efficientissimi

Con il loro corpo plastico privo di scheletro, gli otto tentacoli robusti ed estremamente sensibili, utilizzabili simultaneamente, e gli occhi ad alta risoluzione, i polpi sono cacciatori formidabili, in grado di individuare, ingannare e catturare le loro prede con grande efficienza. I polpi hanno però un alto fabbisogno energetico. Nel corso della loro vita, che dura solo circa un anno e mezzo, possono raggiungere un peso finale di diversi chilogrammi, con una lunghezza totale di 1,3 metri. Se avessero un motto di vita, probabilmente sarebbe: "Vita veloce, morte precoce".

Pronto a scattare

Lato destro: Un grande polpo distende la membrana tra i suoi tentacoli, pronto a scattare in un baleno (vedi anche la foto in basso a destra sulla pagina seguente).

Cuccu, D., et al. **Reproductive development versus estimated age in a wild population of *Octopus vulgaris* (Cephalopoda: Octopodidae)** *Journal of Experimental Marine Biology and Ecology 93(3): 843-849 (2013)* DOI:10.1017/S0025315412000203

Mimetismo e sorprese

Cambiamento di colore in pochi secondi

La pelle dei polpi è in grado di cambiare forma e colore in pochi secondi. Questo fenomeno viene utilizzato sia per mimetizzarsi, sia per comunicare visivamente con i conspecifici, ma anche come segnale deterrente contro possibili predatori (vedi immagini sopra e sotto).

Capacità di apprendimento ed intelligenza

Da tempo, le straordinarie capacità di apprendimento e l'intelligenza dei polpi suscitano ammirazione e sono oggetto di studio. È ormai accertato che questi animali siano in grado di imparare osservando altri polpi – nonostante la loro natura solitaria – e che esplorino oggetti sconosciuti e innocui, un comportamento interpretato come curiosità e gioco. Inoltre, risolvono problemi che coinvolgono del cibo nascosto in varie forme geometriche, sempre più velocemente dopo ripetuti tentativi. Il naturalista greco Aristotele, tuttavia, sosteneva che i polpi non fossero abbastanza intelligenti da sfuggire ai trucchi dei pescatori. Per esempio, accettano volentieri dei contenitori di terracotta vuoti offerti dall'uomo come rifugio, rendendosi così facili prede.

Lo svitamento di una fotocamera

Nella pagina a destra in alto è visibile una scena registrata solo perché l'autore portava con sé due videocamere. Per filmare un grande polpo da vicino, venne usata una videocamera Gopro, avvicinata all'animale tramite un'asta telescopica. Non appena l'oggetto sconosciuto e lucido giunse a portata dei suoi otto tentacoli, il polpo lo afferrò. Il fotografo, però, non volle rinunciare facilmente e trattenne saldamente l'asta. Dopo un lungo stallo, con grande sorpresa del fotografo, il polpo svitò la videocamera con una rotazione in senso antiorario. Ci vollero molti minuti di attesa finché il fotografo, con l'animale ormai calmo, riuscì a recuperare la videocamera dalla tana.

Aristoteles *Book IX, Part 37 (around 350 b.c.)*
http://classics.mit.edu//Aristotle/history_anim.html

Immagini in alto (che illustrano lo svitamento della videocamera descritto nella pagina a sinistra): È possibile che i polpi siano in grado di eseguire questi movimenti rotatori per staccare molluschi o gasteropodi dalle rocce.

Nuvola scura di inchiostro

Immagine in basso: In caso di pericolo, il polpo rilascia una nuvola di inchiostro scuro (1) attraverso il suo imbuto arancione (2). Questa nuvola rimane sospesa nell' acqua e funge da diversivo per l'aggressore, mentre l'animale fugge (in basso a destra).

Anche i polpi hanno nemici

Immagine a sinistra: Una murena nel suo rifugio diurno. Questi pesci notturni, in alcune aree, sono i principali nemici dei polpi. Le loro mascelle sottili, dotate di denti affilati, e l'olfatto particolarmente sviluppato li rendono perfettamente equipaggiati per cacciare con successo i polpi.

Preda più grande

Immagini in basso: Una mostella (*Phycis phycis*) gravemente ferita sul fondo di una grotta. Ben visibili sono la pinna ventrale filiforme e due segni di morsi, probabilmente dall'attacco di un grongo, fallito a causa della pelle viscida del pesce.

Grongo

Anche i gronghi si rifugiano negli spacchi e nei buchi delle grotte marine e vanno a caccia col calare della notte, guidati dal loro olfatto e dai grandi occhi. Le loro prede includono pesci dormienti e polpi. A differenza delle murene, i gronghi non hanno denti affilati, ma una moltitudine di piccoli denti con cui riescono comunque a infliggere morsi efficaci. Le femmine possono raggiungere una lunghezza di oltre due metri.

La cernia bruna

Uno dei pesci più grandi del Mediterraneo

La cernia bruna (*Epinephelus marginatus*) può raggiungere una lunghezza di 1,5 metri e un peso di 60 kg. Si distingue facilmente dagli altri serranidi grazie alla sua bocca larga con labbra carnose e al corpo marrone con chiazze bianche.

Preda aspirata

Questo pesce vive solitario e territoriale, utilizzando grotte marine e fessure tra le rocce come rifugi. Nelle vicinanze caccia granchi, polpi e pesci che aspira interi con la sua ampia bocca.

Difficile da inghiottire

In caso di minaccia, la cernia erige la pinna dorsale (in basso a sinistra) mostrando le spine robuste. Anche sull'opercolo branchiale sono presenti delle spine che contribuiscono a rendere quasi impossibile ad un predatore trattenere e inghiottire questo pesce.

Necessità di protezione

In tratti di costa dove la pesca alla cernia bruna è vietata, si possono incontrare questi pesci già al di sotto della zona di marea. Tuttavia, soprattutto a causa della pesca subacquea, in molte regioni le cernie sono state confinate a profondità superiori ai 50 metri nel giro di pochi decenni. La creazione di aree marine protette con divieto di pesca sarebbe il modo migliore per favorire il ritorno di questa emblematica specie.

Più si osserva, più si scopre

Osservando attentamente (in basso (1)), è possibile notare, nella zona dietro l'occhio della cernia, diversi pidocchi di mare del genere *Caligus*, lunghi appena due millimetri e di forma a scudo. Questi crostacei appartengono al gruppo dei copepodi che normalmente vivono in acqua libera (vedi pag. 168).

Bodilis P. et al. **Recruitment of the dusky grouper (*Epinephelus marginatus*) in the North-Western Mediterranean Sea** *Cybium, 27 (2):123-129 (2003)*
https://doi.org/10.26028/cybium/2004-272-005

Si fissano sul loro ospite con antenne e apparato boccale, nutrendosi in modo parassitico dei suoi fluidi corporei. I filamenti che sporgono dal loro addome sono dei funicoli ovigeri con centinaia di larve in maturazione (ingrandimento in alto a destra, (2)).

Lungo appena cinque millimetri...

...il misidaceo *Heteromysis* sp. (immagini al centro e in basso a destra) vive in piccoli gruppi nelle nicchie delle grotte marine e si distingue per il suo caratteristico modo di nuotare alternatamente avanti e indietro. Raggiunge solo metà delle dimensioni dei suoi parenti che abitano i fondali rocciosi soleggiati (vedi p. 16).

Più piccolo è, più difficile si trova

Più attentamente si osserva, più si scoprono nuove forme di vita. Questo vale non solo per le dimensioni -- il mondo microscopico ovviamente rimane invisibile ai nostri occhi senza l'uso di strumenti ottici -- ma anche per l'accuratezza con cui si studiano gli organismi. Due biologi marini di Vienna, ad esempio, in soli due anni hanno scoperto ben nove nuove specie di *Heteromysis* analizzando con estrema precisione i misidacei comparsi in acquari pubblici.

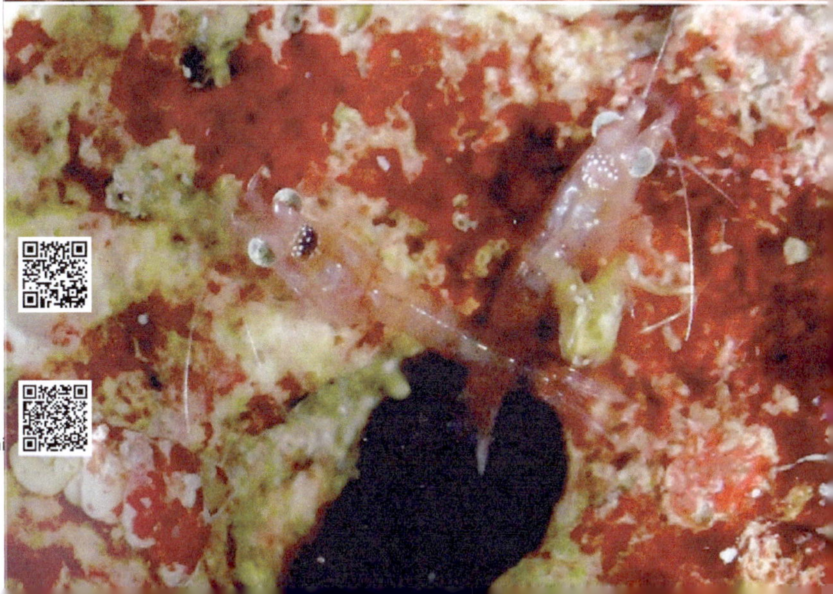

Wittmann, K.J., Abed-Navandi, D. **Four new species of *Heteromysis* (Crustacea: Mysida) from public aquaria in Hawaii, Florida, and Western to Central Europe** *European Journal of Taxonomy, 735(1), 133-175 (2021)* https://doi.org/10.5852/ejt.2021.735.1247

World Register of Marine Species (WoRMS): **Bemerkenswerte neue Meeresspezies von 2021** https://www.marinespecies.org/news.php?p=show&id=8993 https://lifewatch.be/en/worms-top10-2021#Heteromysis_hornimani

Variopinto mondo sottomarino?

Un peperoncino rosso maschio resta immobile davanti alla fotocamera appena sotto la superficie (vedi pp. 49 e segg.). Le condizioni di luce cambiano in una frazione di secondo.

L'intero spettro cromatico

I libri di fotografia subacquea -- compreso questo -- sono spesso molto colorati, talvolta anche più vivaci rispetto a quelli dedicati alla natura terrestre. Questo, in parte, contrasta con l'impressione soggettiva che un subacqueo ha sott'acqua, dove predominano tonalità di blu, verde e grigio.

Luce solare e luce del flash

"Fotografare", letteralmente, significa "disegnare con la luce". Tuttavia, la luce è un concetto piuttosto relativo: di solito intendiamo quella solare disponibile in superficie, oppure quella artificiale generata dal nostro flash.

Qual è il colore "vero"?

Sott'acqua, le componenti della luce a lunghezza d'onda maggiore vengono assorbite con l'aumentare della profondità e/o della distanza. Ad esempio, fotografando una persona che fa snorkeling in superficie da una distanza di quattro metri, i toni della pelle tenderanno fortemente al blu, poiché la luce solare riflessa dalla pelle deve percorrere quattro metri d'acqua per raggiungere la fotocamera.

Conta la distanza totale

Lo stesso effetto si osserva se la persona che fa snorkeling passa due metri sotto il fotografo: la luce deve prima coprire una distanza di due metri fino all'obiettivo e poi percorrere altri due metri come luce riflessa per raggiungere le lenti della fotocamera.

Immergendosi a una profondità di due metri e avvicinandosi al modello fino a un metro, il colore della pelle si avvicina di nuovo a quello visibile sulla terraferma, poiché la luce deve percorrere solo tre metri fino alla fotocamera.

Anche a distanze minime

Osserviamo ora la serie di immagini del peperoncino sulla pagina a sinistra, scattate a brevissima distanza e a pochi centimetri di profondità. La distanza totale percorsa dalla luce era inferiore a 30 cm. Le tre foto sono state realizzate a intervalli di un decimo di secondo l'una dall'altra. A causa del movimento delle onde, l'illuminazione del pesce varia lungo il suo corpo. Nell'immagine in basso, compaiono persino colori dell'arcobaleno, causati dalla diversa rifrazione delle componenti dello spettro (vedi anche la foto a pag. 7).

Luce artificiale o naturale

Condizioni cromatiche stabili si ottengono solo a breve distanza a profondità intermedie o maggiori, utilizzando una fonte di luce artificiale. È così che si realizzano immagini vivaci come quella a destra, perché spugne, anemoni, coralli, stelle marine e altri organismi hanno tonalità rosse, arancioni o gialle. Durante l'immersione, senza una fonte di luce artificiale, questi colori non sono visibili o appaiono solo parzialmente. Tuttavia, se la distanza supera un metro (quindi due metri di percorso della luce andata e ritorno), nemmeno il flash più potente può prevenire l'alterazione dei colori.

Uno sciarrano (*Serranus scriba*) in una piccola tana. La luce artificiale cambia i colori della scena rispetto alla luce ambientale naturale.

Un mistero cromatico

Il rosso come colore mimetico

Un peperoncino minore (*Tripterygion melanurus*, a destra) al bordo di una fessura tra le rocce. La foto, scattata con il flash, lo mostra con una colorazione rossa molto vivace. Tuttavia, questa tonalità di rosso la percepiamo solo se una luce con lunghezza d'onda simile a quella in superficie colpisce l'animale. Questo pesce, però, trascorre maggior parte della sua vita nelle oscure cavità subacquee a diversi metri di profondità, in una zona dove la componente rossa della luce solare, a onde lunghe, non penetra più. Senza l'ausilio della luce artificiale appare di un marrone scuro ed è perfettamente mimetizzato.

Lo stesso misterioso schema cromatico...

... (testa nera e corpo rosso in presenza di luce di superficie) lo si riscontra in altri due pesci: nella bavosa rossa (*Lipophrys nigriceps*, in basso), che condivide lo stesso habitat ombroso con il peperoncino minore, e nel maschio del peperoncino rosso (a sinistra), che però preferisce i tappeti di alghe dei fondali rocciosi soleggiati (vedi pp. 104-105). Nel caso di quest'ultimo, il rosso vivace del corpo è chiaramente riconoscibile, almeno per i nostri occhi, come un colore di segnale.

Due ipotesi per interpretare i colori:

1. Forse i colori che percepiamo non hanno sempre una funzione specifica – si pensi al rosso vivace dell'emoglobina nel nostro sangue, o al verde brillante della biliverdina, il nostro pigmento biliare.
2. I colori vengono percepiti in modo diverso da animali con ruolo ecologico più importante del nostro (conspecifici, organismi simbiotici e predatori), a causa di fenomeni di fluorescenza sconosciuti o di effetti di filtraggio specifici nei loro occhi. Ricerche recenti sembrano suggerire questa possibilità.

Meadows, MG, et al. **Red fluorescence increases with depth in reef fishes, supporting a visual function, not UV protection** *Proc.R.Soc.B 281: 20141211 http://dx.doi.org/10.1098/rspb.2014.1211 (2014)*

Sparks, JS, et al. **The covert world of fish biofluorescence: A phyllgenetically widespread and phenotpically variable phenomenon** *PLOS One. 9(1): e832259 Doi:10.1371/journal.pone.0083259 (2014,*

Incubazione orale

Il re di triglie (*Apogon imberbis*) abita grotte e cavità tra le rocce che gli servono da rifugio diurno. Di notte, nuota liberamente davanti alle sue tane. A differenza della maggior parte degli altri pesci ossei, questa specie non depone le uova né sul substrato, né in acqua libera, ma i maschi le incubano nella bocca, dove conservano un mucchietto di uova per diverse settimane, fino alla schiusa e al rilascio degli avannotti. Nell'immagine in basso si può osservare – in riferimento alle note sulle pagine precedenti – come, senza l'uso del flash, il colore del pesce rosso assuma una tonalità marrone.

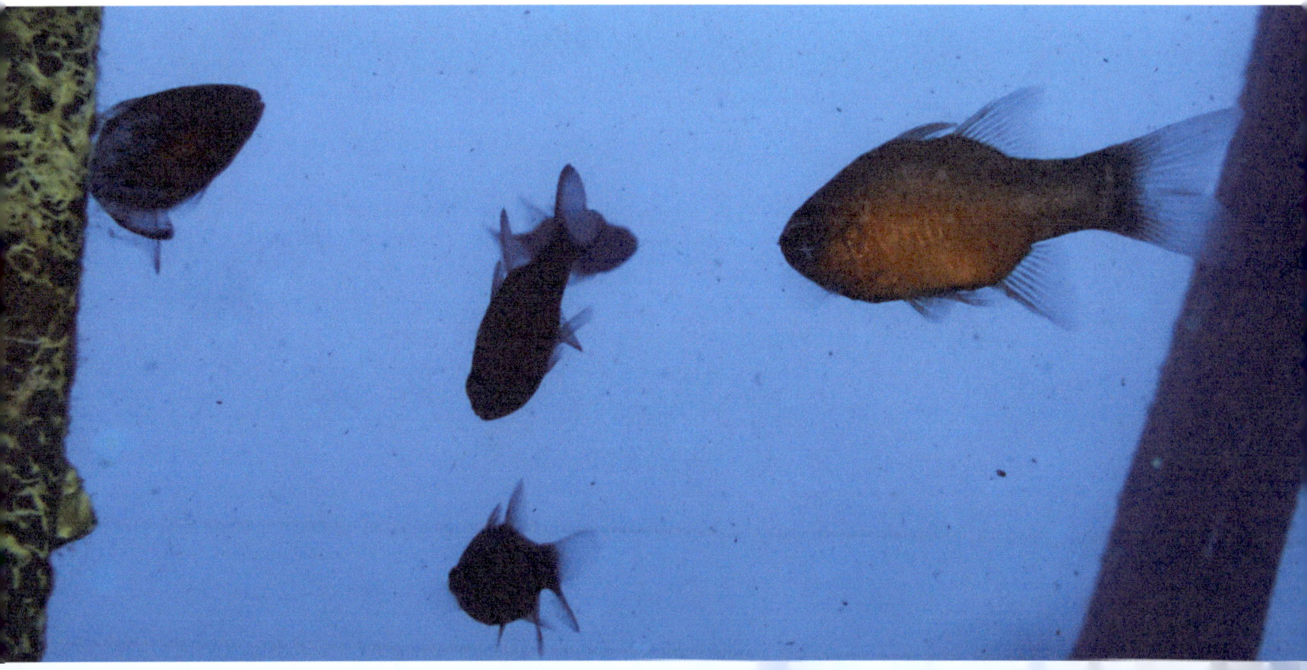

La zona di marea

Condizioni difficili

Quando entriamo in mare per fare snorkeling o immersioni, attraversiamo un habitat straordinario: la zona di marea. Su una costa rocciosa, quest'area presenta condizioni di vita particolarmente impegnative per i suoi abitanti. La forza delle onde qui si manifesta con estrema intensità.

Metà del tempo all'asciutto

Inoltre, il livello del mare oscilla a causa delle maree – nel Mediterraneo mediamente di circa mezzo metro, con un ritmo di poco più di sei ore. Gli organismi che vivono qui o sono sommersi dall'acqua per metà giornata, subendo la forza delle onde, o si ritrovano all'asciutto, esposti al rischio di disidratazione e a variazioni di temperatura che possono raggiungere i 30°C.

Adattarsi a condizioni estreme

Per sopravvivere a queste condizioni estreme, devono disporre di strutture molto robuste oppure essere in grado di sfuggire rapidamente ai cambiamenti repentini che caratterizzano questo ambiente ostile.

Aspettando tempi (di marea) migliori

Spesso, passeggiando lungo una costa rocciosa, si nota una semisfera rossa e gommosa che aderisce alla roccia appena sopra il livello dell'acqua (immagine sopra). Si tratta della forma di sopravvivenza del pomodoro di mare (*Actinia equina*), che attende il ritorno dell'acqua.
Dopo alcune ore, l'acqua inizia a risalire. Non appena l'animale viene sommerso, si gonfia nuovamente d'acqua e allunga i suoi tentacoli corti e robusti per catturare il plancton e per respirare (immagine sotto). E così continua la vita dimezzata dell'anemone, scandita dal ritmo delle maree.

Guscio rigido e impermeabile
Alcuni molluschi sono ben adattati alle condizioni variabili della zona intertidale grazie al loro guscio rigido e impermeabile. Non appena sommersi dall'acqua, patella (*Patella* sp., a destra), chitone (*Rhyssoplax olivcea*, in basso a destra) e biscacco (*Phorcus* sp., in basso a sinistra) pascolano sul tappeto di piccole alghe che cresce rapidamente in questa zona.

Crescita accelerata delle alghe
La rapida crescita delle alghe nella zona intertidale è favorita dal forte movimento dell'acqua che promuove lo scambio di gas, dalla luce intensa e dai nutrienti del deflusso terrestre, provenienti dagli escrementi di uccelli e dall'humus del suolo.

Cozze e crostacei

Cozze planctivore

Oltre al pomodoro di mare, nella zona intertidale vivono altri organismi planctivori capaci di affrontare gli estremi fisici di questo habitat: le cozze (*Mytilus* sp.) formano dense aggregazioni e ancorano i loro corpi alle rocce tramite il bisso, un insieme di filamenti flessibili in grado di resistere anche alle onde più forti. Durante le fasi in cui sono sommerse dall'acqua, respirano e si nutrono utilizzando le branchie, attraverso le quali pompano molti litri d'acqua, estraendone microscopiche alghe planctoniche, batteri e particelle organiche sospese.

Aperture d'ingresso, branchie e filamenti fecali

I mitili in attività di filtrazione si riconoscono dalle loro valve leggermente aperte. In quelli visibili nell'immagine in basso, si possono addirittura intravedere le branchie bianche attraverso le aperture d'ingresso dell'acqua, bordate da frange di colore marrone chiaro (1). Inoltre, sono visibili anche i filamenti fecali appena espulsi (2), composti in gran parte da granelli di sedimento che gli animali non riescono a digerire.

Dove l'acqua arriva ancora più raramente

La zona rocciosa situata sopra il livello dei pomodori di mare e dei mitili è ancora più raramente sommersa dall'acqua e, tuttavia, è l'habitat di innumerevoli crostacei sessili.

Solo poche ore al mese per sopravvivere

I denti di cane del genere *Chthamalus* qui crescono in fitte aggregazioni, formando coi loro gusci calcarei un rivestimento tagliente sulle rocce già pericolosamente frastagliate. Le colonie possono trovarsi fino a un metro sopra il livello medio dell'acqua. In questa posizione estrema, i denti di cane hanno solo poche ore al mese per attivare le loro funzioni vitali. Sfruttano i brevi periodi in cui il livello dell'acqua o il moto ondoso li raggiungono, per respirare, riprodursi e nutrirsi di plancton (in quest'ordine).

Alcuni animali cambiano rapidamente posizione

Non tutti gli organismi della zona intertidale sono sessili e aspettano il ritorno del mare. Ci sono anche animali molto veloci, come l'isopode *Ligia italica*. Vive fuori dall'acqua e si nutre delle alghe che crescono sulle rocce. È lungo appena un centimetro, ma grazie ai suoi grandi occhi e alle lunghe zampe è perfettamente attrezzato per sfuggire a onde e predatori.

Le branchie devono rimanere umide

Un comportamento simile è osservabile nel granchio corridore (*Pachygrapsus marmoratus*, foto in basso). Anch'esso può sopravvivere fuori dall'acqua, purché le sue branchie sotto il carapace rimangano umide. Appena percepisce un movimento nei suoi dintorni, si rifugia nelle fessure di roccia più vicine. La sua alimentazione consiste principalmente di alghe che raschia dalla superficie delle rocce con le punte delle sue chele adattate a questo scopo (3) (foto in basso a sinistra)..

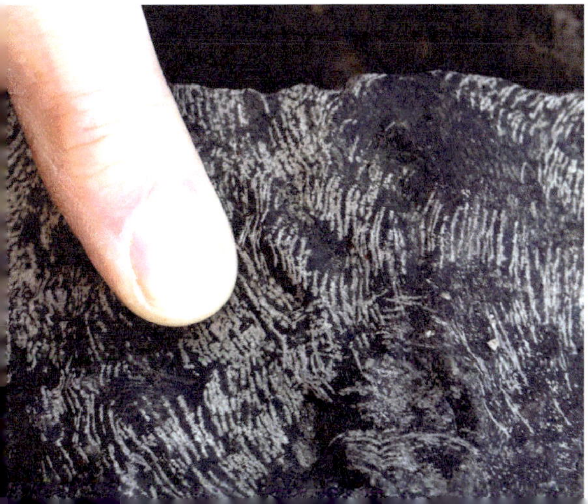

Insetti nel mare o crostacei sulla terraferma?

Gli insetti sulla terra corrispondono ai crostacei

Pochissimi insetti trovano nell'ambiente marino un habitat adatto. Lasciano il campo quasi completamente ai loro parenti più stretti: i crostacei. Esistono tuttavia alcuni rari contatti nella zona intertidale: qui, ad esempio, una specie di zanzara (forse un chironomide del genere *Clunio* o *Telmatogeton*) si accoppia al margine di una pozza di marea.

Insetti e crostacei appartengono entrambi ai Pancrustacea

Insetti e crostacei sono oggi considerati un gruppo unico. Secondo nuove scoperte della biologia molecolare, gli insetti non sono più visti come un gruppo distinto rispetto ai crostacei, ma fanno parte della stessa classificazione: i Pancrustacea. In sostanza, gli insetti sono semplicemente "crostacei terrestri che respirano aria e sono dotati di sei zampe".

Per diverse specie di bavosa la zona intertidale è invece un habitat permanente. Con le loro dimensioni ridotte di pochi centimetri, in questa fascia formano piccoli territori che offrono sufficienti nascondigli, cibo e luoghi per la deposizione delle uova. Nuotano solo per brevi tratti, sempre vicini al fondo – un comportamento che ricorda più un saltellare che un nuoto vero e proprio.

Più pesanti dell'acqua

Infatti, non possiedono una vescica natatoria che gli permetterebbe di galleggiare nell'acqua. Di solito, si appoggiano sulle grandi pinne pettorali, osservando l'ambiente circostante con i loro occhi situati in alto sulla testa, pronti a reagire alle onde infrangenti o ai predatori.

Appena sotto la superficie ...

... la bavosa capone (*Lipophrys trigloides*, nella foto in alto) trova il suo habitat ideale. Può persino resistere all'aria per pochi secondi, se l'acqua si ritira brevemente a causa di una valle d'onda più grossa. A differenza della maggior parte delle bavose, questa specie non si nutre di alghe, ma di animali come giovani cozze, piccoli crostacei o altre bavose che hanno appena iniziato la loro vita bentonica.

La bavosa guance gialle (*Microlipophrys canevae*) ...

... vive nella parte più profonda della zona intertidale. Da lì intraprende anche escursioni alimentari verso i tappeti di alghe più profondi, dove si possono incontrare altre specie di bavosa come la bavosa mediterranea (pag. 40). Come quest'ultima, utilizza i buchi abbandonati dei datteri di mare come nido. Spesso si vede un maschio con le guance gialle sporgere da una di queste tane mentre esegue il suo corteggiamento, in attesa di una femmina pronta a deporre le uova (foto centrale). Una volta fuori dal rifugio, la colorazione gialla delle guance scompare quasi immediatamente per far posto alla tipica livrea mimetica marrone che caratterizza anche le femmine (foto in basso, anche pag. 117).

Tra due elementi

Facendo snorkeling, ci si trattiene spesso nella zona di marea. Durante l'entrata in acqua è consigliabile iniziare a nuotare già quando l'acqua arriva alle ginocchia, indossando subito la maschera da sub per osservare il fondale. Così non solo si evita lesioni causate da rocce taglienti, anemoni urticanti, meduse, vermocani, ricci di mare o pesci con aculei, ma è anche più rispettoso verso la fauna e la flora: più cose si scoprono nel tempo in questa zona, maggior diventa il rispetto per questo delicato ecosistema.

Un marangone dal ciuffo asciuga il suo piumaggio (vedi le 2 pagine seguenti).

Osservazione prolungata: facile ed interessante

Le bavose (come qui la bavosa guance gialle, vedi anche pag. 115) sono degli ottimi soggetti di studio per chi fa snorkeling. Si abituano rapidamente alla presenza di chi li osserva, mostrando così l'intero repertorio dei loro comportamenti, non solo le reazioni di paura e fuga. In particolare, le specie che popolano la zona intertidale possono essere studiate, con mare calmo e livello dell'acqua adeguato, anche dalla terraferma attraverso la superficie dell'acqua.

Riposo e cova nella zona di marea

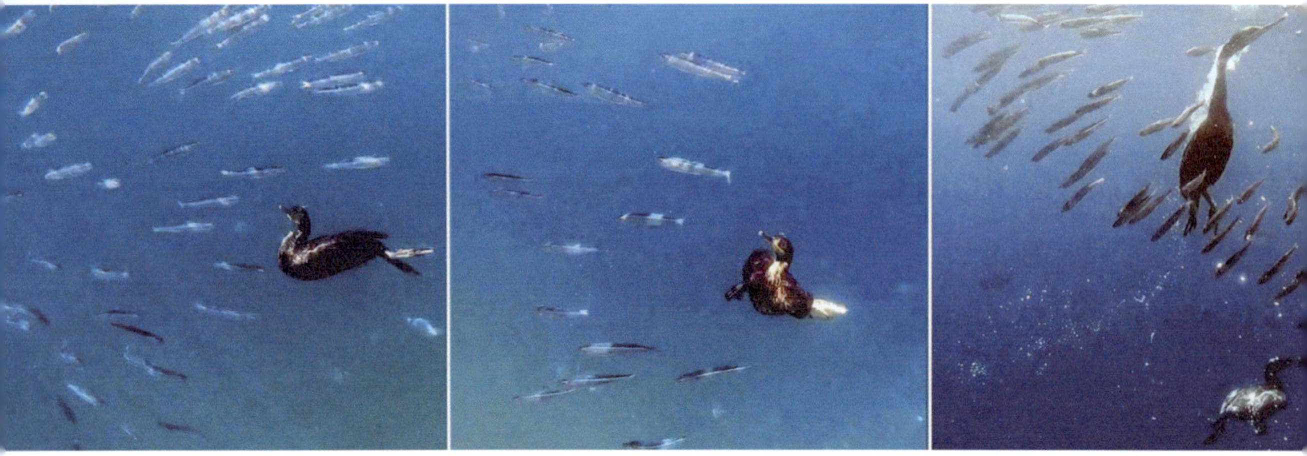

Caccia subacquea e asciugatura del piumaggio
La zona intertidale, per molte specie di uccelli marini, è il luogo ideale per riposare e covare le uova. Nella foto in basso, alcuni marangoni dal ciuffo (*Phalacrocorax aristotelis*) si riposano dopo la caccia subacquea e asciugano il loro piumaggio nella caratteristica posa ad ali aperte.

Abili pescatori
I marangoni sono eccellenti pescatori subacquei: possono immergersi fino a un minuto e a profondità di diversi metri mentre inseguono i branchi di pesci (foto in alto). I loro corpi presentano numerosi adattamenti a quest' attività: per ridurre la spinta di galleggiamento durante le immer-

sioni, le loro ossa sono più pesanti rispetto a quelle degli uccelli terrestri. Inoltre, il loro piumaggio è idrorepellente e trattiene aria solo vicino alla pelle per evitare il raffreddamento; il resto del piumaggio, al contatto con l'acqua, perde immediatamente l'aria che presenterebbe solo un ostacolo durante l'immersione.

Visione subacquea e aerea grazie a lenti speciali

Gli occhi dei marangoni sono dotati di una lente particolarmente deformabile, la cui potenza rifrattiva si adatta al mezzo circostante tramite deformazione. Questo consente loro di ottenere una visione accettabile sia sott'acqua che fuori (foto in alto).

Idealmente, rubare la preda agli altri!

Il gabbiano reale mediterraneo (*Larus michahellis*) ...

... come il marangone dal ciuffo, utilizza la zona intertidale come luogo di riposo e nidificazione. A differenza del marangone, però, il gabbiano trae anche il suo nutrimento da questo habitat. I gabbiani sono maestri nell'arte di sottrarre il cibo agli altri e sono spesso i primi spazzini a giungere sul luogo. Le tre immagini mostrano gabbiani reali adulti con un grongo, un granchio e un osso nel becco.

Il fondale sabbioso

I fondali sabbiosi appaiono desolati e monotoni

A confronto con i fondali rocciosi, brulicanti di vita, i fondali sabbiosi danno l'impressione di essere un "deserto". Come mai?

Le origini di un fondale sabbioso

fondali sabbiosi si formano lungo tratti di costa dove la pendenza e il movimento dell'acqua sono tali da consentire l'accumulo e la permanenza di granelli di sabbia, con diametri compresi tra 0,1 e 2 mm. Su coste più ripide e soggette a movimenti d'acqua più intensi, i granelli di sabbia vengono continuamente asportati, e il substrato roccioso rimane sempre esposto. Lungo coste più pianeggianti e calme, invece, si formano fondali fangosi, dove si depositano sia granelli di sabbia sia particelle ancora più fini, con diametri fino a 0,02 mm.

Rimescolamento costante

Gli strati superficiali di un fondale sabbioso sono regolarmente rimescolati da mareggiate più forti. Le ondulazioni parallele e ben definite visibili nella foto a sinistra indicano un recente rimaneggiamento dei singoli granelli di sabbia, avvenuto pochi giorni prima. Queste "micro-catastrofi" periodiche impediscono la formazione di strutture stabili sulla superficie sabbiosa, necessarie per lo sviluppo di una comunità di vita.

Solo chi scava sopravvive

Nonostante queste condizioni avverse, alcune specie animali sono riuscite ad adattarsi alla vita sul fondo sabbioso. La capacità più importante è sicuramente quella di poter scavare nella sabbia, sia per trovare prede, sia per sfuggire ai predatori, sia per superare i periodi difficili causati dal rimescolamento della superficie sabbiosa..

Come si forma la sabbia?

La sabbia si forma principalmente dall'erosione delle rocce
Durante le tempeste violente, blocchi di roccia vengono mossi, frantumati e assortiti sul fondo marino in base alle dimensioni, formando ghiaia, sabbia e argilla. Inoltre, in alcune località, fiumi trasportano notevoli quantità di sedimenti verso la costa.

Anche alcuni animali possono erodere la roccia solida
Nella zona di marea, per esempio, le specie di gasteropodi che raschiano i tappeti di alghe contribuiscono alla formazione della sabbia (vedi pag. 111 e segg.). Ma anche sui fondali rocciosi più profondi vivono specie animali che sono in grado di indebolire il substrato roccioso.

Le spugne perforanti del genere *Cliona* ...
... che vivono nella roccia calcarea, in questo riguardo, svolgono un ruolo particolarmente importante. Si riconoscono per le macchie rotonde gialle, arancioni o viola sulla superficie delle rocce (vedi immagine sopra) che rappresentano le aperture di ingresso e di uscita del flusso d'acqua della spugna. Attraverso l'azione di acidi corrosivi, questi poriferi perforano il calcare creando un sistema di camere interne ben protette. Nel giro di pochi anni, rocce dalle dimensioni di un pugno possono essere completamente disgregate e trasformate in granelli di sabbia. L'immagine a sinistra mostra una roccia erosa, con le camere interne della spugna esposte e ormai vuote.

Scomparsa nella sabbia in caso di pericolo

Cattura di piccoli animali

Il corpo dell'anemone di sabbia (*Condylactis aurantiaca*) è quasi interamente immerso nella sabbia; soltanto i suoi tentacoli si estendono sulla superficie, pronti a catturare piccoli animali bentonici. Come nell'anemone di mare che vive su fondali rocciosi (vedi pag. 14 e segg.), le punte dei tentacoli sono di colore viola, i tentacoli sono però più corti e leggermente più spessi. In caso di disturbo, l'anemone di sabbia si contrae, scomparendo completamente nel letto di sabbia.

Vita in un tubo

Sopra: Il cerianto (*Cerianthus membranaceus*), un anemone, cattura piccoli animali planctonici con i suoi tentacoli lunghi e sottili. Vive in un tubo autocostruito morbido, profondamente infossato nella sabbia. Nella foto, di questo tubo si vede solo un brevissimo tratto al di sotto dei tentacoli scuri. Come l'anemone di sabbia, anche il cerianto può ritirarsi rapidamente.

Filtrazione col ciuffo branchiale

Anche il polichete sessile *Acromegalomma vesiculosum* vive in un tubo profondamente ancorato nel fondo sabbioso. Similmente alle altre forme tubicole dei fondali rocciosi (vedi pag. 24 e 145), filtra il microplancton dall'acqua utilizzando la sua corona di tentacoli ciliati. Ogni tentacolo, alla sua estremità, è munito di un piccolo occhio scuro. Appena percepisce un'ombra, il verme si ritira fulmineamente nel suo tubo.

Gasteropodi predatori

Predatori striscianti

Il murice spinoso (*Bolinus brandaris*, prima immagine) e il murice *Hexaplex trunculus* (immagine centrale) si possono spesso osservare mentre strisciano lentamente sul fondo sabbioso. Questi gasteropodi sono predatori, ed è probabile che seguano una scia olfattiva emanata dalle loro prede, che includono sia cadaveri che animali vivi. Nell'antichità, da entrambe le specie si estraeva un prezioso colorante purpureo.

Teche ovariche come risultato di un accoppiamento di gruppo

Occasionalmente, sui fondi sabbiosi, si possono incontrare delle strutture spugnose attaccate a un oggetto solido (immagine in basso). Si tratta di teche ovariche deposte durante un accoppiamento collettivo di decine di murici. Le strutture sono composte da centinaia di capsule cornee, ciascuna contenente centinaia di uova fecondate. Dopo alcune settimane, si schiudono le larve che iniziano la loro vita planctonica della durata di diversi mesi.

Tracce insolite

Se un fondale sabbioso rimane indisturbato dalle onde per diversi giorni, in superficie si possono osservare numerose tracce lasciate dagli animali interrati. In particolare, le aperture respiratorie circolari di alcune specie di molluschi sono spesso visibili già dalla superficie dell'acqua. Un esempio è il lattaro (*Solecurtus strigilatus*, foto sopra). Per vedere il processo di infossamento, guarda il video https://tethys.uni-ak.ac.at/solecurtus.mp4.

Comunità di conchiglie come testimoni ecologici

Più frequentemente, però, sulla superficie sabbiosa si trovano solo le conchiglie vuote che testimoniano la vita nascosta nella sabbia. Sebbene la vita di un mollusco duri solo pochi anni o decenni, le conchiglie possono rimanere intatte negli strati sedimentari per migliaia di anni. Questi resti sono fonti preziose per i ricercatori: analizzando la composizione in specie e dimensioni delle comunità di conchiglie, è possibile ricostruire lo stato dell'ecosistema marino durante i millenni passati. Anche attività umane come l'estrazione mineraria, la deforestazione, la costruzione di porti e la pesca si riflettono nella composizione di queste comunità. Tali interventi, per esempio, mobilitano grandi quantità di sedimenti che, una volta trasportati in mare, alterano l'equilibrio ecologico delle aree interessate.

Gallmetzer et al **Tracing origin and collapse of holocene benthic baseline communities in the Northern Adriatic Sea**
Palaios 34: 121-145. DOI:102110/palo.2018.068 (2019)

Echinodermi nella sabbia

Lo spatango *Spatangus purpureus* ...

... (vedi immagine sopra) condivide il fondo sabbioso con numerose specie di bivalvi. Vive infossato a diversi centimetri di profondità, ma, a differenza della maggior parte dei bivalvi, è mobile e si sposta orizzontalmente in ricerca di sedimenti freschi e ricchi di microrganismi. Per avanzare nella sabbia, utilizza le sue spine flessibili e appiattite che spostano i granelli da davanti a dietro, in modo simile al movimento delle braccia nel nuoto a rana. Un individuo estratto dalla sabbia riesce ad infossarsi di nuovo entro pochi minuti, affondando però verticalmente.

La stella spinosa grande (*Astropecten aranciacus*) ...

... può raggiungere un diametro di ben 60 cm (!). Sui fondali sabbiosi, è il principale predatore degli animali infossati. Si nutre principalmente di molluschi, ma anche di ricci e di altre stelle marine. Probabilmente rintraccia le sue prede seguendo il loro odore. Una volta giunta sopra un bivalve, si infossa rapidamente, avvolge la preda col suo stomaco e comincia a digerirla intera, un processo che può durare diversi giorni. Durante questa fase, la stella marina rimane sepolta, ma è riconoscibile dal suo dorso incurvato che sporge leggermente dalla sabbia.

La superficie dorsale delle stelle spinose ...

... (vedi immagine in basso a sinistra) è ricoperta da minuscoli ombrellini di spine che tengono a distanza i granelli di sabbia. Sotto questa struttura si crea una sottile cavità protetta dalla sabbia che permette alle delicate branchie di respirare anche quando l'animale è completamente sepolto. Una stella spinosa grande impiega solo pochi secondi per scomparire completamente nel letto sabbioso (vedi immagine in basso a destra). A differenza delle stelle marine dei fondali rocciosi (vedi pag. 77 e segg.), i suoi piedini terminano a punta anziché con ventose adesive.

Le stelle serpentine sono i parenti più prossimi …

… delle stelle marine. A differenza di quest'ultime, però, non utilizzano i loro corti pedicelli ambulacrali per spostarsi, ma "camminano" sul fondo marino durante la notte, spingendosi in avanti con i bracci flessibili in un movimento alternato. La stella serpentina *Ophioderma longicaudum*, di colore scuro (vedi immagine sopra), durante il giorno si riposa in cavità sotto blocchi di roccia appoggiati sulla sabbia. L'ofiura (*Ophiura ophiura*) invece, con colorazione più chiara e ricoperta di scaglie (vedi immagine sotto), si infossa nella sabbia. Entrambi si nutrono di piccoli organismi che afferrano con i bracci e portano alla bocca, situata sul lato inferiore del corpo.

Cetrioli di mare ovunque

Le oloturie o cetrioli di mare del genere *Holothuria* sono tra gli animali più comuni su fondali sabbiosi e fangosi profondi, con densità che arrivano fino a un esemplare per metro quadro. Poiché raggiungono una lunghezza di 30 cm, la biomassa totale delle oloturie in certe zone è enorme.

Non così indifesi come sembrano

Sebbene sia uno dei pochi animali marini a non possedere né guscio protettivo né la capacità di fuggire rapidamente o di infossarsi nella sabbia in caso di pericolo, l'oloturia è comunque dotata di efficaci sistemi di difesa: può emettere dall'apertura anale dei filamenti appiccicosi che invischiano un aggressore, e il suo corpo contiene tossine come saponine e terpeni.

Nonostante le tossine fanno parte della dieta umana

Nonostante queste sostanze tossiche, le oloturie vengono consumate dall'uomo. La preparazione richiede l'eliminazione delle tossine attraverso un lungo ammollo nel latte, seguito da una cottura prolungata per distruggere eventuali residui di veleno.

L'alimentazione delle oloturie ...

... consiste principalmente di batteri e detriti contenuti nella sabbia. Per ottenere questa fonte di nutrimento dispersa, le oloturie ingeriscono grandi quantità di sabbia, digeriscono le componenti nutrienti ed espellono la sabbia depurata, che costituisce spesso oltre il 99% del peso ingerito, in forma di cordoni perlati (vedi immagine in basso a sinistra). Quantità simili di escrementi vengono generate dalle lepri marine (vedi pag. 26 e segg.) a causa del basso valore nutritivo delle alghe di cui si nutrono.

Piattaforme per il rilascio dei gameti

Anche se le oloturie abitano prevalentemente i fondali sabbiosi, spesso cercano blocchi di roccia (pagina sinistra, immagine in alto a destra) per emettere i loro prodotti sessuali nella corrente, con il corpo semieretto ed allungato. Questo comportamento favorisce una distribuzione più ampia dei gameti e aumenta il successo di fecondazione tra gli individui di una comunità di oloturie.

Stonik, V., Stonik, I.
Toxins Produced by Marine Invertebrate and Vertebrate Animals: A Short Review.
In: Marine and Freshwater Toxins, (pp. 1-13). Springer Science doi:10.1007/978-94-007 6650 1_5-1 (2014)

Caccia al tatto

Le triglie di scoglio (*Mullus surmuletus*) ...

... nuotano in piccoli gruppi appena sopra il fondale sabbioso, utilizzando i loro sensibili barbigli per scovare vermi e crostacei nascosti nella sabbia (immagine in alto). Appena individuano una preda, scavano rapidamente a fondo per catturarla e inghiottirla (immagine al centro). Quest'attività attira spesso altri pesci come saraghi o labridi che seguono le triglie da commensali.

Il capone gallinella (*Chelidonichthys lucerna*) ...

... (immagine in basso, pag. 7 e immagine in alto a destra) si affida anch'esso al tatto per trovare il suo cibo nella sabbia, ma al posto di barbigli utilizza sei raggi liberi delle pinne pettorali, dotati di papille gustative. Con questi raggi inclinati verso il basso cammina sul fondale come su zampe di ragno, sondando la sabbia alla ricerca di prede.

Strategia di difesa

Quando si sente minacciato, il capone distende la parte posteriore delle pinne pettorali mostrandone il lato inferiore, vivacemente colorato (vedi pagina successiva). In alcune specie compaiono persino due grandi macchie oculari (pag. 7 e segg.). Questa improvvisa reazione di deterrenza è intesa a confondere temporaneamente un eventuale predatore, permettendo al capone di fuggire.

Brontolii

Con la vescica natatoria e dei muscoli specializzati, il capone gallinella inoltre è in grado di emettere dei suoni simili a brontolii.

La mormora (*Lithognathus mormyrus*) ...

... (a sinistra), come la triglia e il capone, si nutre di piccoli animali che vivono nascosti nella sabbia, per esempio vermi, crostacei o molluschi. Tuttavia, non ha sviluppato organi tattili particolari per esplorare la superficie del substrato, ma preleva interi pacchetti di sabbia con la sua ampia bocca, separando gli animali commestibili al suo interno. La sabbia viene successivamente espulsa.

Mimetismo nella sabbia

Troppo vicino!

Una sogliola (*Solea solea*, immagine sopra) si accorge di essere stata scoperta e solleva la pinna pettorale in una posa intimidatoria. La macchia nera che appare con questa manovra potrebbe imitare, come fenomeno di mimetismo, la pinna dorsale scura delle velenose tracine (vedi pag. 140 e segg.). I tre filamenti neri sul corpo della sogliola sono sanguisughe parassite che si nutrono dei fluidi corporei dell'ospite.

Papille sensoriali percepiscono le variazioni di pressione

Immagine a destra: Testa di un ghiozzo geniporo (*Gobius geniporus*), per colore e motivo perfettamente adattato al fondo sabbioso. Le papille sensoriali scure, disposte in file sulla parte anteriore del corpo, servono a percepire le variazioni di pressione provocate da predatori o prede. Questo ghiozzo, che può raggiungere i 16 cm di lunghezza, è una specie esclusiva del Mediterraneo.

Il muggine (*Mugil* sp.) ...

... si può incontrare in quasi tutti gli habitat del Mediterraneo. Qui lo vediamo mentre pascola la superficie di un fondo sabbioso. Evidentemente, la sabbia non è stata mossa dalle onde per un po' di tempo, consentendo ai detriti in sospensione di depositarsi, diventando così cibo per i pesci. Nell'immagine al centro a sinistra, si vede da vicino la macchia dorata sull'opercolo branchiale, caratteristica distintiva del cefalo dorato (*Mugil auratus*).

Mimetismo nel rifugio diurno

La traccia di una torpedine marmorata (*Torpedo marmorizzata*, immagine in basso a sinistra) nel suo nascondiglio diurno su un fondale sabbioso. Solo un occhio esperto si accorge che qui, sotto la sabbia, si nasconde una razza lunga 50 cm. Allo scoperto, si delinea bene la forma a padella del suo corpo. Le torpedini hanno un organo elettrico su entrambi i lati della testa, deviato

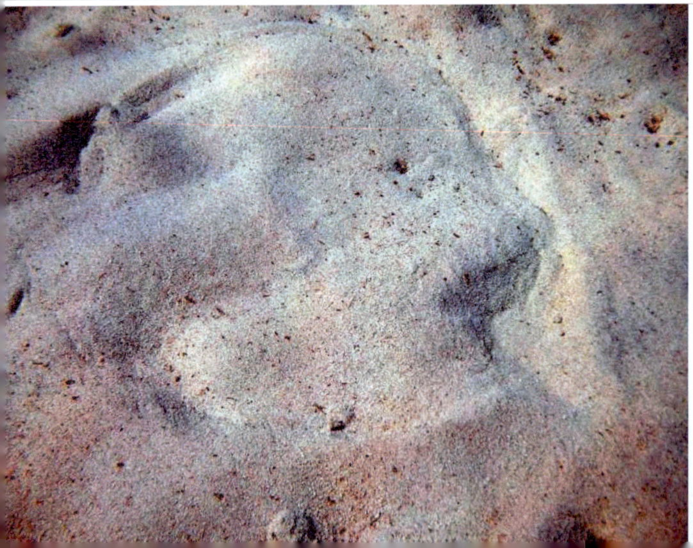

da muscoli modificati e capace di generare potenti scariche elettriche.

Caccia con scariche elettriche

Le torpedini usano queste scariche sia per difendersi da altri predatori, sia, soprattutto, per la caccia notturna a pesci che dormono sul fondo, come i muggini.

Frange attorno agli spiracoli

Nella foto in basso a sinistra, si distinguono i piccoli occhi e, subito dietro, gli spiracoli bordati da frange. Queste frange probabilmente impediscono alla sabbia di entrare nelle camere branchiali mentre la razza è sepolta.

Un incontro intenso

In basso a destra: l'apneista (Daniel Abed-Navandi), conscio del pericolo, si avvicina cautamente al pesce, "simulando" una scossa elettrica (da 60 a 230 volt e oltre 30 ampere).

Predatori sepolti

Attirare e aspirare la preda

Il pesce prete (*Uranoscopus scaber*) in una rara posa di nuoto (immagine in alto) – di solito è sepolto nella sabbia fino agli occhi. Così nascosto, apposta i pesci che cercano cibo sulla superficie della sabbia. Per attirarli a portata della sua bocca, agita un'appendice vermiforme che cresce sul suo labbro inferiore. Se un pesce troppo curioso si avvicina per esaminare l'esca, l'enorme bocca si apre bruscamente e la preda viene risucchiata intera. Immagine al centro: dopo un breve disturbo, il pesce prete si è nuovamente infossato, ma la sua esca non è ancora attiva.

La temuta tracina

Molto più comune del pesce prete è invece la tracina (*Trachinus draco*), che si trova su tutti i fondali sabbiosi (immagini in basso e nella pagina successiva in alto). Anch'essa sfrutta la sabbia come unico nascondiglio disponibile per tendere agguati alle sue prede (immagine in alto a sinistra nella pagina successiva). A differenza del pesce prete però, la tracina abbandona rapidamente il suo nascondiglio per lanciarsi sulle prede arrivate troppo vicine.

Aculei velenosi

Come lo scorfano, comune sui fondi rocciosi ombreggiati, anche la tracina possiede degli aculei velenosi nella prima pinna dorsale sugli opercoli. Per questo motivo, camminare su un fondo sabbioso è sconsigliato, per quanto piacevole possa essere la sensazione della sabbia sotto i piedi. Questi pesci permettono ai subacquei di avvicinarsi molto, e sono stati persino documentati dei casi in cui una tracina improvvisamente si è lanciata contro il viso di un osservatore pungendolo intenzionalmente! Il movimento eccitato della prima pinna dorsale nera coi raggi velenosi è comunque interpretato come un segnale di minaccia (in alto a destra). La puntura può avere molteplici effetti, simili a quella di un morso di serpente velenoso, ma spesso provoca dolori intensi e un forte gonfiore.

Pronto soccorso

In caso di puntura, è indispensabile consultare un medico. Come primo intervento si consigliano impacchi con panni caldi a una temperatura di 40-50°C, poiché il calore inattiva le proteine velenose termolabili.

In basso: un raro primo piano frontale di una tracina raggiata (*Trachinus radiatus*) esposta. Si noti la grande bocca con qui le prede vengono inghiottite intere. Gli aculei velenosi non sono visibili.

Le fanerogame marine

Discendenti delle piante terrestri

A differenza delle altre piante marine come le alghe, le fanerogame marine sono piante vascolari. Sono discendenti di piante terrestri che milioni di anni fa hanno riconquistato il mondo marino. Questo percorso evolutivo insolito le accomuna ai mammiferi marini.

Meristema basale

La forma di crescita delle fanerogame marine ricorda quella delle piante erbacee terrestri: ogni pianta è composta da diverse foglie lunghe e verdi che possono raggiungere fino a 50 centimetri di altezza e che crescono per tutta la vita da una zona di accrescimento (meristema) alla base. Le singole piante sono collegate tra loro tramite stoloni orizzontali che si ancorano al fondo sabbioso con radici. In questo modo si sviluppano praterie di fanerogame marine che formano un reticolo elastico saldamente ancorato al fondale.

Condizioni ambientali

Le praterie di fanerogame marine possono persistere per migliaia di anni. La loro formazione dipende in modo particolare dall'esposizione e dal tipo di costa: non troppo ripida, ricoperta di sabbia e protetta da movimenti d'acqua troppo forti (vedi pag. 3).

Gestione della sabbia

Grazie alla solidificazione del suolo tramite le radici e all'effetto frenante delle foglie sull'acqua, si crea una situazione particolare in cui l'erosione è ridotta e i sedimenti in sospensione vengono intrappolati. Di conseguenza, le praterie di fanerogame marine, una volta raggiunta una certa densità, riescono a crearsi ed a gestire il proprio substrato sabbioso. Su un fondo di sabbia, quindi, – condizioni ambientali permettendo – può emergere un nuovo habitat che grazie alla sua struttura tridimensionale offre un rifugio a molti animali specializzati.

Praterie millenarie

Crescita lenta

L'immagine in alto mostra una prateria in formazione di cimodocea (*Cymodocea nodosa*). Dopo molti anni di crescita indisturbata, il fondale sabbioso originario è completamente ricoperto, e le foglie sottili possono raggiungere una lunghezza di 50 centimetri (immagine centrale).

Mattes

La posidonia (*Posidonia oceanica*, in basso) ha foglie ancora più lunghe e cresce in praterie molto dense. I tappeti formati dai rizomi e dalla sabbia intrappolata (le cosiddette mattes) possono avere migliaia di anni e raggiungere diversi metri di spessore.

Inavvertenza fatale

Ancore gettate sconsideratamente sulle praterie di fanerogame marine lacerano il tappeto di radici stabilizzante. Partendo da queste ferite, anche tempeste deboli possono distruggere intere praterie.

L'immagine della pagina accanto a destra mostra una di queste lesioni causate da un'ancora.

Distruzione ripetuta

Una prateria di fanerogame dopo ripetuti disturbi (in alto a destra): tra i rizomi strappati emerge il fondo sabbioso originario.

Prole protetta

Nel fitto fogliame delle praterie, giovani pesci, come questo pesce pappagallo, trovano un ottimo rifugio. Gli esemplari adulti, invece, spesso frequentano altri habitat.

Organismi epifiti

Molti organismi epifiti usano le foglie della posidonia come substrato. Sulla foto a destra si possono distinguere l'alga calcarea incrostante *Hydrolithon* sp., i minuscoli vermi serpulidi bianchi del genere *Spirorbis* e le delicate colonie di idroidi a forma di piuma del genere *Aglaophenia*.

Ben ancorata nella sabbia

La nacchera (*Pinna nobilis*) ...

... si ancora nel fondale sabbioso. Possiede una conchiglia robusta che le consente di resistere bene a condizioni tempestose senza doversi rifugiare sotto la sabbia. Uno sguardo attento tra le valve rivela le aperture separate di ingresso e uscita dell'acqua: il sifone inalante è protetto da tentacoli sensoriali che impediscono l'ingresso di organismi indesiderati. Al di sotto, si intravvedono le branchie a due lobi. Le scaglie scanalate presenti soprattutto in esemplari giovani sulla superficie esterna delle valve probabilmente offrono protezione contro la morsa letale di polpi o stelle marine.

Da alcuni anni, le popolazioni di nacchere nel Mediterraneo sono colpite da eventi di mortalità

di massa causati dal protozoo parassita *Haplosporidium pinnae*, e la specie è ormai ad alto rischio di estinzione.

L'orata (*Sparus aurata*) …

… può raggiungere una lunghezza di 60 centimetri ed è presente in tutti gli habitat costieri del Mediterraneo. La sua dieta consiste principalmente di molluschi e gasteropodi. In queste foto, un esemplare è stato ripreso mentre estrae un murice dalla sabbia in una prateria di cimodocea.

Un pesce pregiato che viene anche allevato

Le orate vengono allevate per il consumo alimentare e vendute sul mercato a circa due anni di età, con le dimensioni ideali per una singola porzione. Si distinguono facilmente dagli altri sparidi del Mediterraneo per la macchia scura sulla parte alta dell'opercolo e la striscia dorata sulla fronte tra gli occhi. La popolazione naturale sembra essere in crescita negli ultimi anni – forse anche grazie all'acquacoltura, poiché parecchi esemplari regolarmente riescono a sfuggire dalle gabbie di allevamento.

Carella, F. et al. **Multipathogen infections and multifactorial pathogenesis involved in noble pen shell (*Pinna nobilis*) mass mortality events: Background and current pathologic approaches** *Veterinary Pathology, Volume 60, Issue 5 (2023)* https://journals.sagepub.com/doi/full/10.1177/030098582311867

A European project for *Pinna nobilis* *(2021)* https://www.lifepinna.eu/

Glamuzina, B. et al. **Observations on the increase of wild gilthead seabream, *Sparus aurata* abundance, in the eastern Adriatic Sea: problems and opportunities** *Int Aquat Res 6: 127–134 (2014)* https://doi.org/10.1007/s40071-014-0073-7

Dempster, T. et al. **Recapturing escaped fish from marine aquaculture is largely unsuccessful: alternatives to reduce the number of escapees in the wild** *Reviews in Aquaculture 10: 153-167 (2018)* https://doi.org/10.1111/raq.12153

Corridori veloci

Il paguro pugile (*Diogenes pugilator*) si trova spesso sulle distese sabbiose libere tra le piante di fanerogame marine. Osservando bene e con una prospettiva bassa, è possibile vedere questi piccoli animali, di pochi centimetri, muoversi rapidamente sulla sabbia, nonostante il peso aggiuntivo della conchiglia che trasportano. In caso di pericolo, sono anche in grado di infossarsi nel giro di pochi secondi.

Mate guarding

Soprattutto nei maschi, la chela sinistra è notevolmente più grande rispetto alla destra, e viene utilizzata per affrontare i rivali nella competizione per le femmine. Una femmina conquistata viene trattenuta dal maschio vincitore per diversi giorni prima dell'accoppiamento vero e proprio (immagine in alto a destra). Questo comportamento protettivo, noto come "mate guarding," è comune tra molti crostacei.

Il ghiozzo nero (*Gobius niger*) ...

... è la specie di ghiozzo più comune sui fondali sabbiosi del Mediterraneo. Si differenzia dalle centinaia di altre specie di ghiozzo per le sue dimensioni, il colore scuro dei maschi e la lunga pinna dorsale. I maschi scavano nidi sotto conchiglie o pietre, dove per settimane sorvegliano le uova depositate dalle femmine, fino alla schiusa. Nella foto principale, uno di questi nidi è stato aperto: davanti alle pinne pettorali e sotto la testa del maschio si possono distinguere bene gli embrioni, che appaiono come un rivestimento di granelli argentei. Dopo lo scatto fotografico, il fotografo ha ripristinato il nido, permettendo al pesce di continuare a sorvegliarlo.

Cavalluccio marino (*Hippocampus guttulatus*)
Un incontro purtroppo assai raro! Il maschio del cavalluccio, riconoscibile dal marsupio pieno di uova, utilizza la sua coda prensile per ancorarsi a un ciuffo di cimodocea e attende immobile per ore in questo agguato a piccoli crostacei.

In passato non considerato un pesce
Con la testa di un cavallo, la coda prensile di una scimmia, gli occhi mobili come quelli di un camaleonte e il corpo corazzato, i cavallucci marini sono tra i pesci più straordinari. I primi zoologi li classificarono inizialmente come insetti e non come pesci, assegnando loro il nome del genere, *Hippocampus*, derivato dal greco "hippos" per cavallo e "kampos" per mostro marino.

Abitanti delle praterie

In alto a sinistra: Un grande maschio di granceola al margine di una prateria di cimodocea non si affida più al mimetismo del suo carapace coperto di alghe e assume una postura minacciosa. È ben visibile la tipica forma delle chele dei maschi maturi (vedi pp. 34-35).

In alto a destra: Il tordo grigio (*Symphodus cinereus*) è adattato alla vita nelle praterie meno dense. Si distingue per il suo colore chiaro e il caratteristico punto scuro nella parte inferiore del peduncolo caudale. I suoi nidi sono costruiti con foglie di fanerogame e alghe, consolidate con granelli di sabbia (non visibili nella foto).

Immagini centrali: Al crepuscolo, nella prateria inizia l'attività del galletto (*Ophidion barbatum*). Lascia il suo nascondiglio nella sabbia e cerca crostacei sepolti con i suoi lunghi barbigli. A prima vista potrebbe essere scambiato per un giovane grongo (pag. 101), ma questi sono più lunghi e non hanno i barbigli sotto il mento.

Immagini in basso: Uno sciarrano e un ghiozzo geniporo osservano attentamente i movimenti del fotografo, prestando particolare attenzione alla custodia riflettente e alle lenti della fotocamera.

Il doride dipinto (*Felimare picta*) ...

... è uno dei più grandi nudibranchi del Mediterraneo e può raggiungere una lunghezza di 20 cm. Sono ben visibili i due tentacoli sulla testa, utilizzati per l'olfatto, e le branchie a forma di stella situate sulla parte posteriore del corpo. Come molte altre specie affini, la sua dieta è molto specifica: si nutre esclusivamente di spugne del genere *Ircinia* che crescono sui fondi rocciosi (vedi pp. 22-23).

Tracce olfattive inducono sconfinamenti

Non è però limitato a questo tipo di substrato. Nell'immagine in alto, ad esempio, striscia sulla sabbia, un ambiente insolito per questa specie. Probabilmente sta seguendo una traccia olfattiva proveniente da un partner sessuale che si trova su un vicino fondale roccioso.

Habitat diversi in spazi ristretti

Poiché i diversi tipi di habitat spesso si trovano a stretto contatto, non è raro che gli animali rischino brevi attraversamenti di ambienti estranei, specialmente se l'orientamento si basa sull'olfatto.

Habitat adiacenti

Un altro esempio di interconnessione tra habitat è illustrato nell'immagine a destra: una foresta di alghe brune che ricopre un fondo roccioso è adiacente ad una prateria di posidonia su fondale sabbioso. La natura del substrato determina quale tipo di habitat si sviluppa (vedi pp. 3-4).

Un rombo sepolto nella sabbia ...

... è stato scoperto dal fotografo e fugge attraversando diversi habitat (immagini in basso). Il lato sinistro del suo corpo è rivolto verso l'alto, ospita entrambi gli occhi ed è perfettamente mimetizzato nella sabbia. Il lato destro, invece, è rivolto verso il fondo ed è "cieco".

Il fondale fangoso

La maggior parte dei fondali oceanici è fangosa

I fondali fangosi profondi rappresentano gli habitat più estesi negli oceani, coprendo oltre il 90% dei fondi marini. Iniziano dove i declivi rocciosi si livellano in fondali marini più piatti, a profondità in cui il movimento dell'acqua è talmente ridotto da permettere il deposito di sedimenti finissimi. Nel Mediterraneo, ciò avviene a partire da circa 20 metri di profondità, a seconda dell'esposizione della costa.

Scarsa presenza di piante

Simili alle grotte marine, anche i fondali fangosi ricevono poca luce solare, il che impedisce una crescita significativa di piante. Di conseguenza, tali habitat dipendono per il loro apporto nutritivo dalle particelle organiche trasportate da correnti o gravità, oltre che da animali migratori.

Animali sessili

Molti degli animali che popolano i fondali fangosi sono organismi filtratori sessili. Per non sprofondare nel soffice substrato marino, spesso hanno sviluppato una base d'appoggio allargata o si ancorano con sottili radici.

Isole di spugne

Un substrato per molte altre specie

Su gran parte dei fondali fangosi, i poriferi sono il gruppo animale dominante e fungono anche da substrato per molte altre specie. Nell'immagine in alto a sinistra, l'isola sul fango è formata da una spugna arancione e una gialla che servono da base per diversi pettini del genere *Mimachlamys*. Le valve dei pettini, a loro volta, sono ricoperte da spugne arancioni (1). Al centro dell'immagine, si intravede un altro abitante tipico di questo habitat: il granchio peloso (*Pilumnus hirtellus*) (2). A destra inoltre si distinguono le chele di una galatea (3).

Stelle serpentine in cima

(Immagine piccola a destra e immagine grande sulla doppia pagina precedente) Anche la stella fragile (*Ophiotrix* sp.) sfrutta l'aggregazione di spugne come piedistallo. Per raggiungere correnti ricche di plancton, solleva persino il disco centrale del corpo dal substrato ed estende i suoi bracci spinosi e colorati più in alto possibile. Le particelle organiche che vi si depositano vengono poi trasportate alla bocca dai numerosi pedicelli ambulacrali di cui ogni braccio è munito.

Cinque tentacoli per catturare il plancton

In basso a sinistra, un cetriolo frondoso (*Ocnus planci*) si è aggregato al conglomerato di spugne. Come le stelle serpentine, anch'esso estende i suoi cinque tentacoli ramificati nella corrente per catturare il plancton. Il trasporto del cibo alla bocca avviene però alternando l'introduzione in bocca di ciascun tentacolo intero.

Oltre alle spugne, anche diverse specie di ascidie come l'ascidia mammillata (*Phallusia mammillata*) fanno parte della fauna sessile dei fondali fangosi. Gli organismi mobili che si nutrono di plancton, come le stelle serpentine, utilizzano anche le ascidie come piedistallo per raggiungere gli strati d'acqua più ricchi di nutrienti.

Mobili o muniti di tentacoli velenosi

Il giglio di mare (*Antedon mediterranea*) …

… è anch'esso un echinoderme che si ancora al substrato con speciali cirri, mantenendosi così in una posizione ottimale per la raccolta del plancton.

Bracci versatili

Ogni braccio di questo crinoide porta ai lati una serie di pinnule ciliate per filtrare il plancton, un meccanismo di raccolta simile a quello della corona di tentacoli dei serpulidi (vedi pag. 24 e segg.). Alternando i movimenti dei bracci, i gigli di mare sono persino in grado di nuotare piuttosto velocemente, ma solo per brevi distanze.

La cappasanta (*Pecten jacobeus*) ...

... può raggiungere un diametro di 15 cm. Si trova prevalentemente su fondali fangosi profondi, ma occasionalmente popola anche fondali sabbiosi o ghiaiosi (come nella foto a destra) a pochi metri di profondità.

Un bivalve che può saltare

Per sfuggire ai predatori come stelle marine o granchi, la cappasanta può "saltare" fino a un metro di distanza chiudendo repentinamente le sue valve. Tuttavia, questa strategia non serve a salvarla dalle reti a strascico dei pescherecci: ogni anno, grandi quantità di cappesante, considerate una prelibatezza, vengono pescate in questo modo, arando letteralmente il fondo del mare e distruggendo le sue comunità di vita.

Settecento tentacoli

Spesso, sui fondali fangosi si trova anche l'anemone magherita (*Cereus pedunculatus*, foto in basso). Il suo piede è sepolto nel fango, solo il disco orale con la bocca al centro e oltre 700 tentacoli corti, disposti in più cerchi concentrici, rimane visibile. Se un animale bentonico inavvertitamente tocca uno di questi tentacoli velenosi, l'anemone si contrae rapidamente, cercando di intrappolare la preda con il maggior numero possibile di tentacoli.

Il paguro eremita …

Il paguro eremita (*Paguristes eremita*) …

… è il paguro più comune sui fondali fangosi. Nella foto (1) si vedono bene le macchie oculari di colore viola all'interno delle chele rosso-brune, che probabilmente fungono da segnale per altri animali.

Ricoperto fino all'invisibilità

La conchiglia occupata dal paguro è spesso completamente ricoperta da altri organismi che a volte vivono in simbiosi con lui. Nella foto (2), sulla conchiglia si possono distinguere una colonia di briozoi violacei (vedi pag. 86), una spugna di colore rosa e l'anemone del paguro (*Calliactis parasitica*). Quest'ultimo si trova in una posizione insolita per un'anemone: la sua corona di tentacoli non è rivolta verso l'alto, verso il plancton, ma verso il fondo.

Una scopa utile

L'anemone infatti raccoglie particelle organiche già sedimentate, spazzando il fondale come una scopa. Quest'attività è resa possibile dal continuo movimento del paguro. In questo modo, un organismo di per sé immobile diventa mobile grazie alla convivenza con un animale vagile, ottenendo così nuove fonti di nutrimento. Contrariamente a quanto suggerisce il nome latino dell'anemone, sembra che non si tratti di una relazione parassitaria. Il paguro eremita probabilmente trae vantaggio dai tentacoli e filamenti urticanti dell'anemone, che lo proteggono da predatori come stelle marine, polpi e pesci più grandi. Un indizio a favore di questa ipotesi è il fatto che il paguro trasloca anche l'anemone quando si trasferisce in una nuova conchiglia.

Un altro esempio di simbiosi

Alcune conchiglie abitate dal paguro eremita vengono ricoperte dalla spugna del paguro (*Suberites domuncula*) (3), che può raggiungere dimensioni quasi grottesche. Il paguro però non sembra esserne disturbato, anzi, si ipotizza un vantaggio reciproco: la spugna, grazie al movimento costante del granchio, viene liberata da sedimenti fini che potrebbero ostruirne i pori, e il paguro non deve più cercarsi nuove conchiglie, poiché la spugna continua a crescere seguendo la forma della spirale della conchiglia.

Un'altra specie di paguro sui fondali fangosi ...
... è il paguro peloso (*Pagurus cuanensis*, immagine sotto). Diversamente dal paguro eremita, le sue chele sono ricoperte da numerose setole molti fini (4).

I predatori dei fondali fangosi

Uno spettacolo raro

Uno dei nudibranchi più grandi del Mediterraneo, la fimbria (*Tethys fimbria*), avanza su un fondale misto di sabbia e fango. Può raggiungere una lunghezza di oltre 20 cm. Cattura echinodermi, crostacei, altri molluschi e persino piccoli pesci bentonici ricoprendoli col suo ampio velo frontale bordato di nero. La fimbria è anche in grado di nuotare per brevi tratti vicino al fondale, alternando contrazioni del corpo e movimenti delle sue appendici dorsali (immagine in basso a sinistra).

Pagina a destra:

Il pesce balestra (*Balistes capriscus*) ...

... è un abitante altrettanto raro dei fondali fangosi. Può raggiungere una lunghezza di 30 cm e si nutre di crostacei, bivalvi e gasteropodi che estrae dal fango scavando con getti d'acqua che produce con la bocca.

Il fragolino (*Pagellus erythrinus*) ...

... è invece il pesce più comune su gran parte dei fondali fangosi. Lungo fino a 60 cm, ha una dieta simile a quella del pesce balestra, composta principalmente da crostacei e molluschi.

Aquila di mare

Un'aquila di mare (*Myliobatis aquila*) ...

... è stata spaventata da un subacqueo e fugge nell'acqua libera. La coda flessibile del pesce al centro è munita di un aculeo velenoso, lungo diversi centimetri e dotato di uncini (1).

Questo aculeo velenoso ...

... non viene utilizzato solo se un pesce predatore più grande afferra il corpo della razza con la bocca, ma anche se un essere umano, camminando sul fondale sabbioso, la calpesta accidentalmente.

Immagine in basso: Alzandosi in acqua, l'aquila di mare ha spaventato uno sciame di gamberetti misidacei, riconoscibili come linee luminose nell'ombra della razza (2).

Isole di substrato duro nel fango

Piccole isole di roccia ai margini di un fondale fangoso sono il territorio preferito del sacchetto (*Serranus hepatus*), un piccolo serranide. Con i suoi 10 cm di lunghezza raggiunge solo metà delle dimensioni dello sciarrano, suo stretto parente, dal quale si distingue anche per le pinne ventrali scure e gli occhi verdi.

Acqua libera

L'habitat più vasto del nostro pianeta

Il mare aperto non solo copre la superficie più grande del pianeta, ma grazie alla sua immensa profondità – una media globale di 3,8 km e oltre 1,4 km nel Mediterraneo –, nei suoi confronti persino le foreste più alte dei continenti appaiono solo come un sottilissimo strato sulla superficie terrestre.

Le piante del mare aperto ...

... sono minuscole alghe microscopiche, perlopiù unicellulari, che crescono esclusivamente nello strato superficiale permeato dalla luce solare. A seconda dell'intensità della luce e della trasparenza dell'acqua, questo strato produttivo può essere profondo al massimo fino a circa cento metri.

Nutrimento per gli strati più profondi

Sotto di esso si estende la vasta zona del mare aperto troppo buia per consentire la crescita di alghe. Questa regione, simile alle grotte marine e ai fondali sedimentari profondi, dipende per il proprio approvvigionamento alimentare da ciò che viene trasportato verso il basso dai luminosi habitat più in alto – tramite migrazioni di organismi verso il basso, mescolamenti delle acque o il lento affondare di organismi morti.

Piccoli organismi planctonici

La rete alimentare del mare aperto si basa sulle minuscole alghe planctoniche, che dapprima alimentano i più piccoli animali planctonici – soprattutto crostacei – che a loro volta vengono poi predati da meduse e pesci pelagici. Anche i fondali marini traggono nutrimento dal materiale organico sospeso nell'acqua. Spugne, cnidari, policheti sessili, molluschi – tutti questi animali bentonici filtrano il plancton utilizzando le diverse tecniche già descritte.

Biomassa limitata nell'acqua libera

La densità biologica del mare aperto è tuttavia relativamente bassa: un metro cubo d'acqua marina ospita generalmente solo pochi grammi di organismi viventi, miliardi di minuscoli animali e piante, visibili a occhio nudo solo durante i loro periodi di riproduzione di massa, quando si manifestano come torbidità che riduce la visibilità sott'acqua. Per poter propriamente osservare questi piccolissimi organismi, sono necessari sia metodi di addensamento come la filtrazione, sia l'uso di un microscopio. E per incontrare gli animali più grandi dell'acqua libera, come i carangidi su questa foto, ci si deve spesso affidare alla fortuna.

Alghe planctoniche e minuscoli crostacei

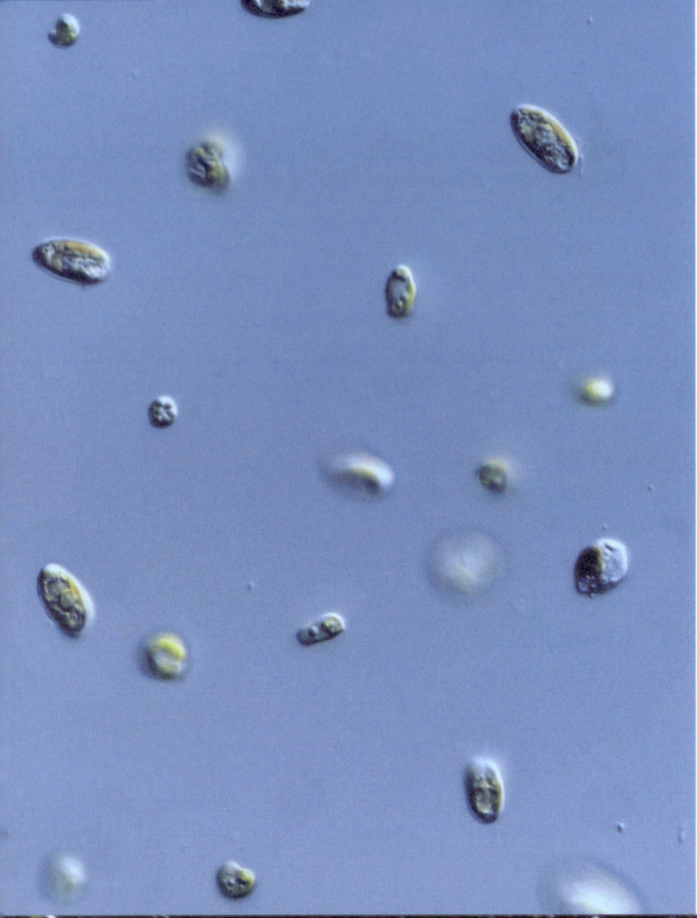

Alghe planctoniche

L'immagine a sinistra mostra alghe planctoniche concentrate, osservate con forte ingrandimento. Centocinquanta di queste cellule allineate coprono appena un millimetro. Come la maggior parte dei microrganismi, le alghe planctoniche possono dividersi più volte al giorno in condizioni favorevoli. I fattori cruciali per questa riproduzione sono la quantità disponibile di luce e nutrienti e la temperatura dell'acqua. La vita di un'alga planctonica però dura solo pochi giorni. Alcune specie possiedono un flagello che permette loro di muoversi per brevi tratti, ma per lo più, i loro spostamenti sono determinati dalle correnti e dalla forza di gravità.

Crostacei planctonici

Diverse specie di crostacei planctonici si nutrono del ricco "buffet" offerto dalle alghe planctoniche: i cladoceri (pagina a destra in alto) e i copepodi (nelle due immagini in basso) utilizzano sottili setole sulle zampe per filtrare le alghe disperse nell'acqua. Il risultato è un impasto bruno di alghe nel loro tratto digestivo (1). Quest'attività di filtraggio rappresenta una notevole prestazione. Per molti crostacei planctonici, i movimenti necessari per alimentarsi, allo stesso momento, servono anche per la loro tipica locomozione a scatti o "salti".

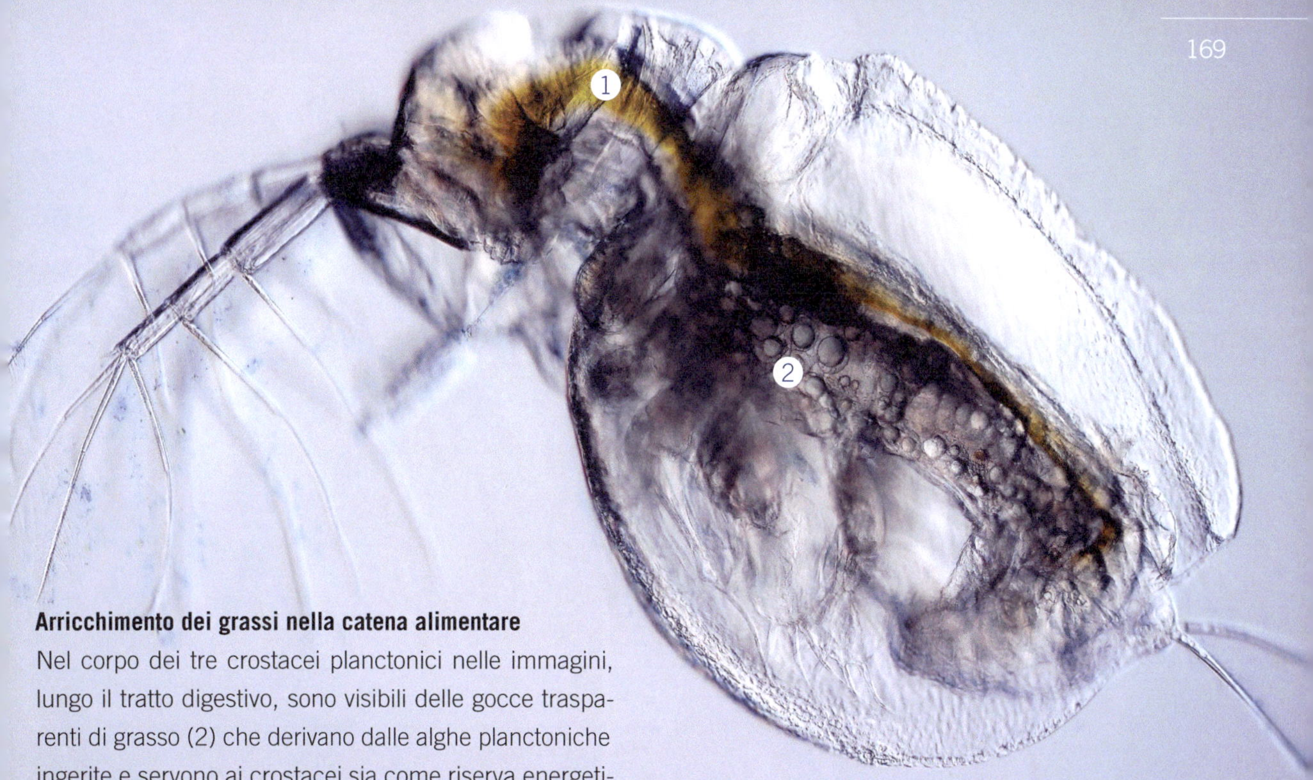

Arricchimento dei grassi nella catena alimentare

Nel corpo dei tre crostacei planctonici nelle immagini, lungo il tratto digestivo, sono visibili delle gocce trasparenti di grasso (2) che derivano dalle alghe planctoniche ingerite e servono ai crostacei sia come riserva energetica sia come mezzo di galleggiamento. Sono composte prevalentemente da acidi grassi omega-3 a catena lunga, altamente insaturi, e si accumulano attraverso l'intera catena alimentare fino ai pesci predatori più grandi. Il loro valore nutritivo è altissimo, anche per noi esseri umani.

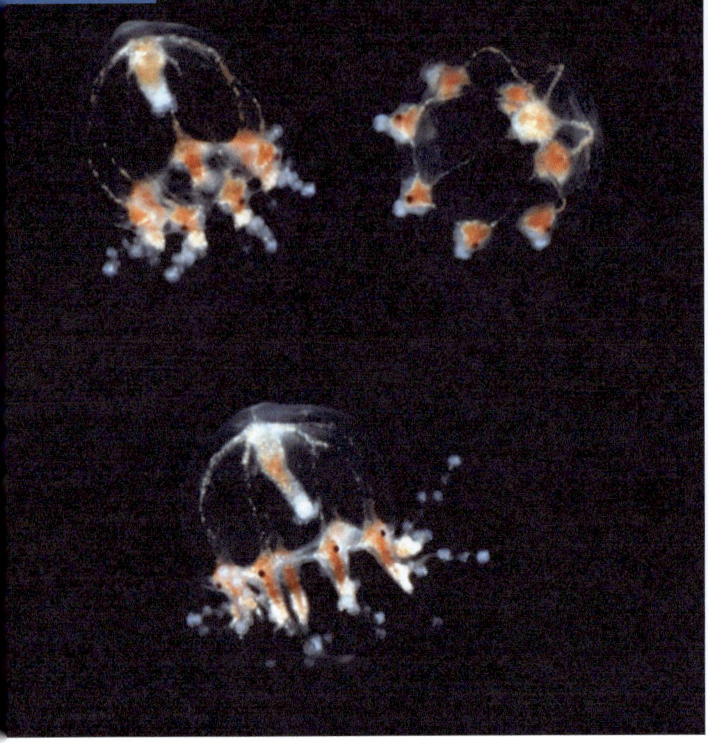

Lunghe solo pochi millimetri

Diverse classi di cnidari formano piccole meduse: quelle degli idrozoi sono chiamate idromeduse. La loro ombrella, di forma per lo più campanulata, è quasi completamente trasparente. Talvolta, nei canali ramificati dello stomaco, si può osservare il cibo ingerito, composto principalmente da crostacei planctonici.

Occhi, organi di equilibrio e tentacoli urticanti

In alcune specie di idromeduse, lungo il margine dell'ombrella, si trovano occhi scuri capaci di percepire i gradienti di luce; in altre, nello stesso punto, sono presenti organi di equilibrio che favoriscono l'orientamento. Caratteristica comune a tutte le idromeduse sono i tentacoli urticanti che partono dal bordo dell'ombrella. Questi tentacoli sono dotati di cnidociti, spesso concentrate in batterie di colore chiaro, disposte a collana. La loro azione urticante è percepibile anche per noi esseri umani, nonostante la nostra pelle relativamente spessa.

La medusa più grande del Mediterraneo…

… è il polmone di mare (*Rhizostoma pulmo*). Può raggiungere un diametro di 50 cm, e in condizioni di mare calmo è talvolta visibile anche dalla riva.

I polmoni di mare appartengono agli scifozoi e, all'interno di questo gruppo, sono classificati tra le Rhizostomeae che significa "con bocca a radice". I loro otto lunghi tentacoli orali, ramificati come cavolfiori, servono a catturare il microplancton. Non possiedono tentacoli urticanti. Spesso, giovani carangidi come ricciole o sugarelli si trattengono nelle loro vicinanze, cercando rifugio tra i tentacoli in caso di pericolo.

Tentacoli orali corti

La cassiopea mediterranea (*Cotylorhiza tuberculata*) (in alto a sinistra, vedi anche p. VIII), che può raggiungere un diametro di 30 cm, è anch'essa una medusa "con bocca a radice" (Rhizostomeae). I suoi otto tentacoli orali sono molto corti, e tra di essi si trovano numerose appendici con piccole verruche bianche e viola, caratteristiche della specie. Il colore bruno-verde della sua ombrella è dovuto al giardino di alghe simbiotiche che ospita, un fenomeno osservabile anche in altri gruppi di cnidari, come anemoni di mare e coralli (vedi pag. 62 e segg., e pag. 14).

Morte sicura in caso di spiaggiamento

Una medusa trasportata dalle correnti verso una spiaggia sabbiosa è condannata a morte (in alto a destra probabilmente il resto della medusa blu *Cephea cephea*). Una volta catturata dall'acqua turbolenta delle onde frangenti, l'ombrella si riempie d'aria e il corpo morbido viene abraso dalla sabbia. Alla fine, rimangono solo resti della mesoglea, il materiale gelatinoso interno dell'ombrella, di consistenza gommosa, che a volte viene riportato in mare (in basso a sinistra).

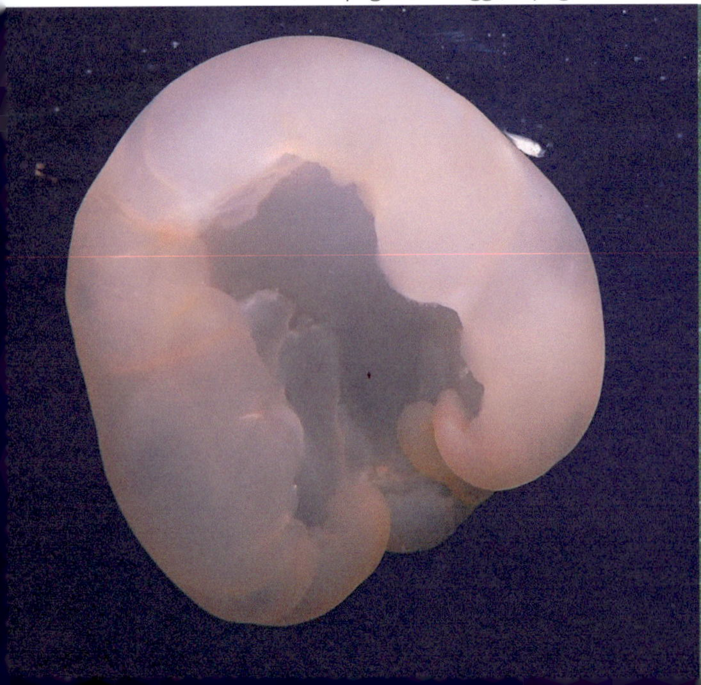

Punture brucianti

La vespa di mare o medusa luminosa (*Pelagia noctiluca*, in alto e pagina sinistra in basso a destra) può raggiungere un diametro di 12 cm, con tentacoli lunghi fino a 40 cm. Anch'essa appartiene agli scifozoi, ma viene classificata tra le Semaeostomeae (il nome significa "con bocca a bandiera"). A differenza delle meduse "con bocca a radice", gli appartenenti a questo gruppo si nutrono di plancton più grande e perfino di piccoli pesci. Per la cattura delle loro prede hanno sviluppato due strumenti specifici: i caratteristici tentacoli che possono contrarsi rapidamente, e cnidociti dotati di potenti tossine.

Nel caso della vespa di mare, queste cellule urticanti sono così efficaci da poter perforare anche la pelle umana. Ogni anno, numerosi bagnanti nel Mediterraneo soffrono serie lesioni cutanee causate da questa specie. In caso di contatto esteso o sul viso, è consigliabile richiedere assistenza medica. Il modo migliore per evitare una puntura è indossare una maschera da sub anche durante il nuoto e il bagno. Questo permette di individuare in tempo i tentacoli sottili della medusa, ma anche altre potenziali minacce presenti nel mare.

Bezio N. et al. **Effects of capture surface morphology on feeding success of scyphomedusae: a comparative study** *Mar Ecol Prog Ser 596:83-93 doi:10.1046/j.1365-2419.1998.00080.x (2018)*
https://doi.org/10.3354/meps12549

Polipo e medusa

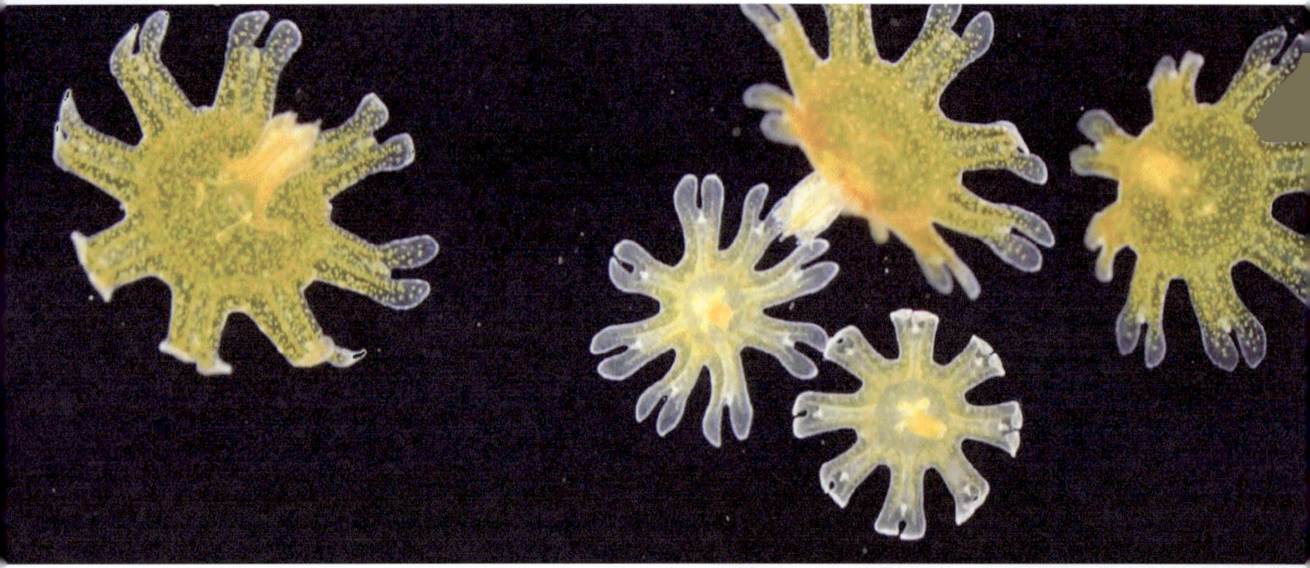

Due forme di vita degli scifozoi

La maggior parte delle specie di scifozoi presentano due forme di organizzazione strutturale distinte. La prima è chiamata "polipo ". Questa forma, di pochi millimetri, somiglia ad un alberello ed è ancorata al substrato, solitamente nascosta in nicchie rocciose buie e ben protette (a destra). Se le condizioni ambientali sono favorevoli, il polipo genera la seconda forma di vita: minuscole meduse, chiamate "efire ", che come parte del plancton si sviluppano in mare aperto fino a diventare meduse adulte (in alto). Le vespe di mare rappresentano un'eccezione in questo ciclo vitale. Esistono solo nella forma medusoide e si riproducono generando direttamente altre meduse, tralasciando lo stadio di polipo ed evitando così il cambiamento regolare di habitat tra il mare aperto e i fondali rocciosi.

Da alcuni decenni, ...

... lo ctenoforo di Leidy (*Mnemiopsis leidyi*), conosciuto anche come "noce di mare ", è diventata una specie comune nel Mediterraneo (in alto a destra). Originaria dell'Atlantico occidentale, è stata accidentalmente introdotta nel Mar Nero negli anni '80 tramite le acque di zavorra delle navi mercantili. In breve tempo, è diventata la specie dominante del plancton, mettendo a rischio le popolazioni di acciughe, poiché entrambe competono per le stesse risorse alimentari. Dal Mar Nero, la sua presenza si è diffusa rapidamente, con un notevole incremento nella parte settentrionale dell'Adriatico.

Non urticanti, eppure pericolosi?

Shiganova, T.A. **Invasion of the Black Sea by the ctenophore *Mnemiopsis leidyi* and recent changes in pelagic community structure** *Fisheries Oceanography 7: 305–310 doi:10.1046/j.1365-2419.1998.00080.x (1998)*

Welch V. et al. **The cause of colouration in the ctenophore *Beroë cucumis*** *Current Biology 15: 24 985– 986 doi:10.101)* 2005

Occasionalmente, le noci di mare vengono concentrate da correnti costiere in baie e insenature, formando aggregazioni di massa appariscenti (in alto a destra). Come tutti gli ctenofori, sono privi di cnidoblasti urticanti ma catturano i piccoli organismi planctonici con lunghi filamenti muniti di cellule adesive, i colloblasti.

Diversamente dalle scifomeduse ...

... gli ctenofori non nuotano mediante contrazioni e propulsione a getto, ma utilizzano il battito coordinato di sottilissime ciglia, disposte a pettine, in file longitudinali sulla superficie del corpo.

Con le ciglia in movimento, ...

... le costole brillano nei fantastici colori iridescenti di un arcobaleno. Questo spettacolo di colori è generato, come in alcune alghe rosse (vedi pag. 57), dall'interferenza della luce con microstrutture sulla superficie delle ciglia, nell'ordine di pochi nanometri.

Una grande medusa bande scure (*Chrysaora hyoscella*) ... ... nuota nell'acqua. Come in tutte le meduse appartenenti al gruppo delle meduse "con bocca a bandiere", i tentacoli urticanti che circondano il bordo dell'ombrella vengono trascinati nell'acqua con un movimento ondulatorio particolare, generato dal ritmico restringersi dell'ombrella. Nella foto, scattata in acquario, si nota, appena sotto il bordo dell'ombrella, l'inizio di quest'onda regolare che avanza lungo i tentacoli. Appena i tentacoli toccano una superficie –– che si tratti di un crostaceo planctonico o della nostra pelle ––, si contraggono rapidamente, aumentando così l'area di contatto, e rilasciando il veleno dalle numerose nematocisti. Infine, anche i quattro tentacoli orali avvolgono la preda e la trasportano verso la cavità gastrica per digerirla.

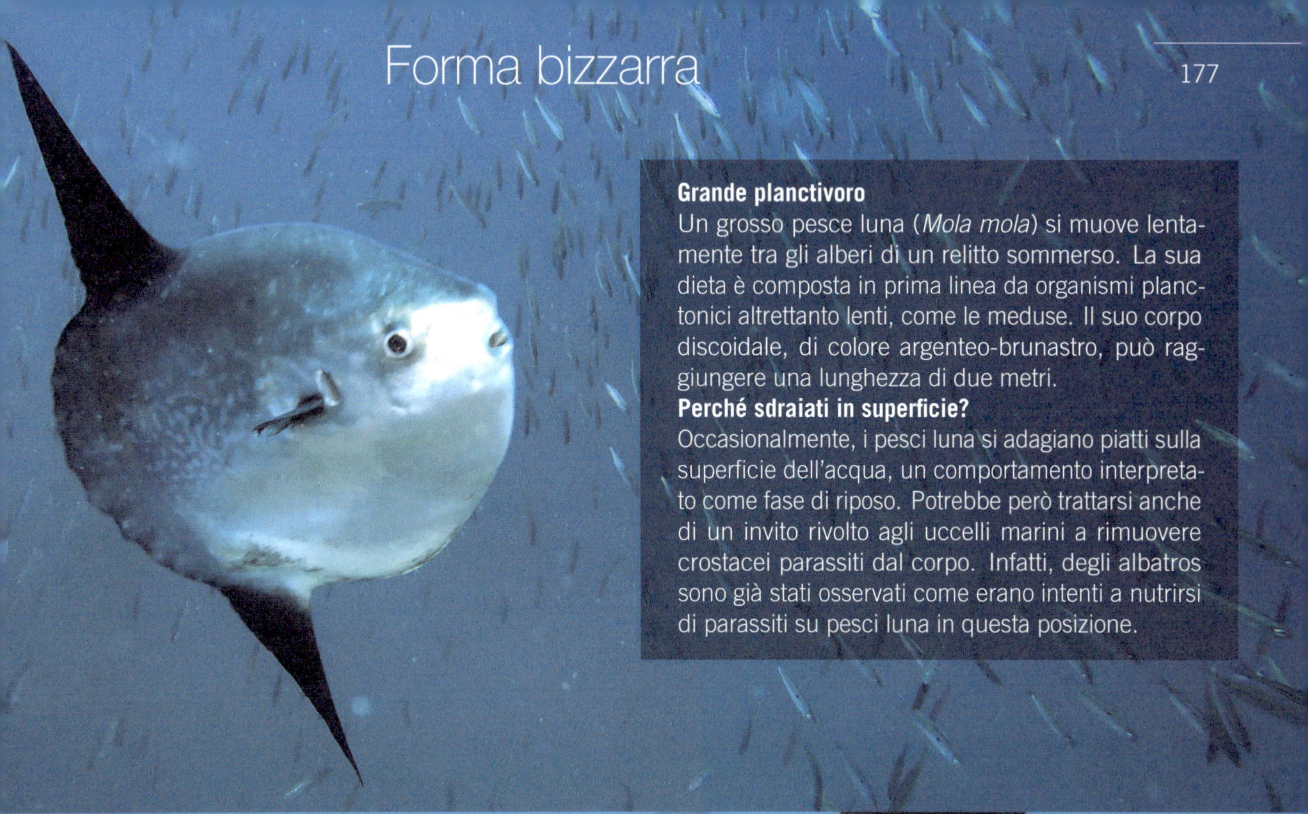

Grande planctivoro
Un grosso pesce luna (*Mola mola*) si muove lentamente tra gli alberi di un relitto sommerso. La sua dieta è composta in prima linea da organismi planctonici altrettanto lenti, come le meduse. Il suo corpo discoidale, di colore argenteo-brunastro, può raggiungere una lunghezza di due metri.

Perché sdraiati in superficie?
Occasionalmente, i pesci luna si adagiano piatti sulla superficie dell'acqua, un comportamento interpretato come fase di riposo. Potrebbe però trattarsi anche di un invito rivolto agli uccelli marini a rimuovere crostacei parassiti dal corpo. Infatti, degli albatros sono già stati osservati come erano intenti a nutrirsi di parassiti su pesci luna in questa posizione.

Takuzo Abe, Keiko Sekiguchi
Why does the ocean sunfish bask?
Communicative and Integrative Biology, 5:4, 395-398
DOI:10.4161/cib.20376 (2012)

"Piccoli pesci"

Come le sardine, in branchi enormi

Immagine in alto a sinistra: I latterini (*Atherina hepsetus*), di colore grigio-verde con strisce argentate, possono raggiungere una lunghezza di 14 cm e formano fitti branchi nelle acque vicino alla costa. In questi branchi, i pesci sono rigorosamente aggregati per dimensione, probabilmente per confondere ulteriormente i predatori che restano disorientati dalla loro uniformità (vedi anche pag. 207).

Banchi meno densi

L'acqua libera vicino alla costa, alcuni metri sopra il fondo, è anche l'habitat delle castagnole (*Chromis chromis*, immagini a sinistra e al centro). Questi pesci sono lunghi fino a 12 cm, e la loro pinna caudale, grazie a due bande nere sui bordi, appare fortemente biforcuta. Come i latterini, si nutrono di organismi planctonici e formano grandi banchi, sebbene meno compatti. La maggiore distanza tra i singoli pesci, in questo caso, potrebbe migliorare la loro agilità, rendendo più efficiente la cattura del plancton.

Cambio quotidiano di habitat

Sebbene le castagnole si avventurino nell'acqua libera per nutrirsi, al crepuscolo, come gran parte dei pesci costieri, si ritirano negli anfratti tra le rocce per trascorrere la notte. Qui depongono anche le uova. All'inizio dell'estate formano grandi colonie di riproduzione e ripuliscono piccoli territori sulle superfici rocciose dove depongono, fecondano e sorvegliano centinaia di uova, fino alla schiusa, che avviene dopo circa una settimana.

Le giovani castagnole ...

... sono di un blu cobalto brillante e trascorrono l'estate sotto sporgenze rocciose e davanti a piccole tane, fino a raggiungere una dimensione di due centimetri (immagine in basso a sinistra).

La mennola (*Spicara maena*) ...

... (immagine in alto a destra) è un altro pesce argenteo e allungato che forma branchi nell' acqua libera e si nutre di organismi planctonici che risucchia interi. È facilmente riconoscibile grazie alla caratteristica macchia nera rettangolare sui fianchi.

Forma simile, modellata dall'habitat

Molto simile è la boga (*Boops boops*, immagine centro destra). Abita lo stesso ambiente, vive in branchi, ma le manca la macchia sui fianchi. Anch'essa si nutre principalmente di plancton, ma grazie alla fila di denti a raspa è in grado di sminuzzare anche prede più grandi e morbide. In alcune aree è stata osservata mentre rosicchiava meduse per nutrirsi..

Caratteristiche comuni a molte specie pelagiche

Molte specie di pesci pelagici mostrano caratteristiche corporee simili: corpo argentato, allungato e fusiforme, occhi grandi e pinna caudale relativamente piccola con peduncolo sottile. Le ragioni di queste somiglianze sono probabilmente legate all'uniformità delle condizioni fisiche dell'ambiente pelagico, che favoriscono l'evoluzione convergente di tali caratteristiche:

1. corpi argentati riflettono l'ambiente circostante, offrendo un mimetismo che ritarda la scoperta da parte dei predatori.
2. nell'ambiente pelagico, dove manca una struttura fisica, i movimenti di caccia e fuga tendono a essere più lineari e ad alta velocità. Questo riduce l'importanza della manovrabilità, favorendo una forma fusiforme rispetto a corpi più alti e compressi, come quelli di saraghi e labridi.
3. pesci pelagici possiedono occhi più grandi rispetto ai loro parenti bentonici, un adattamento che permette di individuare più rapidamente prede planctoniche, spesso di dimensioni microscopiche.

Inoltre, specie diverse formano spesso banchi misti, il che potrebbe favorire una certa uniformità nelle loro caratteristiche corporee. Questo fenomeno, noto come "mimica di Müller", può contribuire alla confusione dei predatori.

L'occhiata

Nell'immagine in basso a destra si possono vedere centinaia di occhiate (*Oblada melanura*) nuotare alte nell'acqua, a diversi metri dal fondale. Questo pesce può raggiungere i 30 cm di lunghezza ed è un'altra specie di sparide argenteo che abita le acque libere. Tuttavia, si distingue facilmente dalle due specie precedenti grazie alla macchia nera bordata di bianco sul peduncolo caudale.

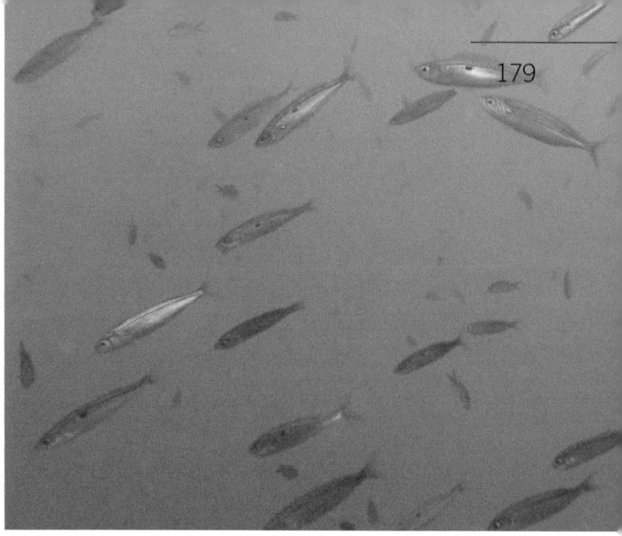

Pesci predatori

Pesci predatori sono molto più rari nell'ambiente pelagico rispetto a pesci planctivori. Il barracuda (*Sphyraena viridensis*) può raggiungere una lunghezza di un metro e vive nelle acque libere costiere.

«Apparendo dal nulla»
Un gruppo di carangidi mediterranei (*Caranx crysos*) incuriositi si avvicina improvvisamente al fotografo. Dopo alcune manovre di nuoto sincronizzato, scompaiono di nuovo...

... nel vasto blu. Allo stesso modo, questi pesci predatori agiscono durante la caccia in questo ambiente privo di strutture: l'approccio e l'attacco alla preda avvengono in pochi secondi.

Pesci predatori in pericolo

Nuotatori veloci ...

... come sgombri e tonni si trattengono raramente vicino alla costa o al fondale marino e, di conseguenza, sono difficilmente osservabili da apneisti o subacquei. Tuttavia, sono prede molto ambite dai pescatori: qui, un giovane tonnetto alletterato (*Euthynnus alletteratus*) è caduto vittima della sua curiosità per un'esca artificiale trainata da una barca (immagine a sinistra). Ovviamente, il grande amo non è stato inghiottito, ma ha perforato la bocca del pesce dall'esterno a causa di movimenti oscillanti violenti.

Drastico calo delle popolazioni

Immagine in basso: Un tonno viene eviscerato e sezionato in un porto adriatico — ormai una scena rara! I tonni attraversano l'intero Mediterraneo in migrazioni riproduttive che coprono migliaia di chilometri. Durante queste migrazioni sono stati pescati intensamente per secoli. Tuttavia, la pesca, condotta con mezzi tecnici sempre più avanzati ma con rese sempre minori, ha portato la densità della popolazione a calare nel 2008 a un terzo rispetto al 1950. Fortunatamente, grazie a un controllo più rigoroso delle attività di pesca, le popolazioni sembrano lentamente riprendersi. Recentemente è stata introdotta anche la pratica del "Tuna Ranching ", in cui giovani esemplari selvatici non ancora maturi vengono allevati per anni in gabbie vicino alla costa. Sebbene ciò non riduca la pressione sulla pesca delle popolazioni naturali, aumenta la disponibilità sul mercato, permettendo una pesca in linea con la domanda attuale.

Taylor, N. et al. **Atlantic Bluefin Tuna: A Novel Multistock Spatial Model for Assessing Population Biomass** *PloS ONE. 6.12.e27693, DOI: 10.1371/journal.pone.0027693 (2011)*
https://www.ncbi.nlm.nih.gov/pmc/articles/PMC3235089/

Quasi cinquanta specie di squali vivono nel Mediterraneo
La maggior parte abita fondali profondi, ben al di sotto delle profondità raggiungibili dai subacquei. Tra le poche specie che vivono nelle acque pelagiche, la verdesca (*Prionace glauca*) è una delle più comuni (immagini in alto, vedi anche pag. 6). È facilmente distinguibile dal più raro squalo mako (*Isurus oxyrhynchus*) grazie al suo corpo snello, al muso allungato e alla pinna caudale fortemente asimmetrica (immagini al centro sinistra e in basso). La foto in basso a destra è stata scattata su una spiaggia dell'isola di Creta, le immagini subacquee provengono dall'Atlantico.

Le prede principale di entrambe le specie sono altri pesci pelagici come sgombri e tonni, nonché calamari e totani.

I cetacei più comuni del Mediterraneo

Le acque pelagiche del Mediterraneo ospitano diverse specie di cetacei, tra cui i delfini, che sono certamente i più frequenti. Tuttavia, ci vuole molta pazienza e anche un po' di fortuna per incontrare questi agili e veloci nuotatori sott'acqua..

Tursiope e delfino comune

Quale delle otto specie sarà stata? Nel tursiope (*Tursiops truncatus*, immagine a sinistra), il muso è corto e leggermente rivolto verso il basso, con la mascella inferiore che sporge rispetto alla superiore. Nel delfino comune (*Delphinus delphis*, immagine a destra), invece, il muso è lungo e sottile, e la mascella inferiore è della stessa lunghezza della superiore.

A coppie o in piccoli branchi

Entrambe le specie vivono a coppie o in piccoli gruppi, emergendo dall'acqua per inspirare ed espirare. Durante questa manovra, rompono la superficie col dorso in un movimento arcuato, ma raramente saltano completamente fuori dall'acqua. Dopo alcuni respiri, si immergono per alcuni minuti in acque più profonde per cacciare pesci.

Un elevato fabbisogno energetico

A causa del nuoto costante e della temperatura corporea interna di 37°C, i delfini hanno un fabbisogno energetico molto elevato. Un tursiope di 150 kg, lungo due o tre metri, per mantenere il proprio metabolismo basale, ha bisogno di circa sei chilogrammi di pesce al giorno a una temperatura dell'acqua di 20°C.

Ridgway, S. H., Fenner, C. A. **Weight-length relationships of wild-caught and captive Atlantic bottlenose dolphins**
Journal of the American Veterinary Medical Association, 181(11),1310-1315 (1982)

Perez, M. A., et al. **Estimated feeding rate relationship for marine mammals based on captive animal data**
JNOAA Technical Memorandum NMFS F/NWC-184 (1990)
https://repository.library.noaa.gov/view/noaa/5928/noaa_5928_DS1.pdf

Squali bianchi nel Mediterraneo?

Raro e talvolta confuso con altri squali

Il grande squalo bianco (*Carcharodon carcharias*) è sicuramente il più raro tra le 47 specie di squali presenti nel Mediterraneo (le foto in questa doppia pagina sono state scattate in Sudafrica). Spesso viene confuso con il più comune squalo mako (pag. 183) o con lo squalo elefante, entrambi appartenenti, come lo squalo bianco, al gruppo degli squali sgombro (Lamniformes). Tuttavia, è possibile riconoscere lo squalo bianco grazie ai suoi grandi denti triangolari con bordi seghettati e alla lunghezza delle fessure branchiali, che non raggiungono mai la schiena..

Antenati australiani (!)

Gli squali bianchi sono presenti nel Mediterraneo da molto tempo. Sorprendentemente, gli esemplari del Mediterraneo non derivano dalle popolazioni più vicine dell'Atlantico (attraverso lo stretto di Gibilterra) o dell'Oceano Indiano (attraverso il Canale di Suez), ma sono geneticamente più affini agli squali bianchi delle lontane acque australiane. Secondo calcoli basati sulle somiglianze e sui tassi di mutazione delle sequenze genetiche, la colonizzazione del Mediterraneo da parte degli squali bianchi australiani risale a circa 3,5 milioni di anni fa.

Das interessante Blatt

Nr. 35. Wien, 2. September 1926. XLV. Jahrg.

Ein Haifisch in der Adria.

Seit der Suezkanal die Verbindung des Mittelländischen Meeres mit dem Stillen Ozean hergestellt hat, haben die Haifische ihr gefürchtetes Jagdgebiet auch an die Gestade von Südeuropa verlegt. Unlängst hat man in Porto Rè in einem Thunfischnetz solch einen gefräßigen Seeräuber gefangen und an Land mit Revolverschüssen getötet. In der Fischhalle von Fiume wurde das riesige Tier, das fünf Meter lang ist und 1200 Kilogramm wiegt, ausgestellt. In dem Magen des Fisches fand man zwei Teller, einen Sack, Fetzen von Kleidungsstücken und drei kleinere Fische. Uebrigens hat sich kurz vor dem Fang des Fisches in Varazze bei Genua ein grausiges Unglück ereignet. Zwei junge Leute badeten am Strande. Plötzlich wurde der eine von einem Haifisch erfaßt und vor den Augen seines Freundes in die Tiefe gerissen.

Ein Haifisch in der Adria: Das jüngst bei Porto Rè gefangene und in der Fischhalle von Fiume ausgestellte Riesentier, in dessen Magen Teller, Stoffreste usw. gefunden wurden. (S. S. 5.)

Nach einer photographischen Aufnahme.

Un esemplare di squalo bianco di 5 metri di lunghezza e 1.200 kg di peso fu catturato nel 1926 in una rete da tonni nel Adriatico settentrionale e successivamente esposto nella pescheria di Fiume (vedi ritaglio di giornale). Nell'articolo si ipotizzava erroneamente una migrazione dal Mar Rosso, ma i primi resoconti affidabili di squali bianchi nel Mediterraneo risalgono al XVII secolo, molto prima della costruzione del Canale di Suez (vedi il primo link nella pagina successiva).

Zona riproduttiva nel mare Egeo?

Nelle acque dell'Egeo orientale, vicino all'isola di Lesbo, potrebbe trovarsi una delle zone di riproduzione più importanti per il grande squalo bianco. Qui, diversi esemplari giovani di pochi mesi sono stati catturati più volte nelle reti da pesca.

Il numero di squali bianchi ...

... è in costante diminuzione da secoli. Secondo stime prudenti, oggi vivrebbero tra dieci e cento individui in tutto il Mediterraneo, mentre la densità naturale, senza l'influenza delle attività umane, potrebbe contare centinaia o addirittura migliaia di esemplari. La principale causa di questo declino è la pesca, sia mirata che accidentale, combinata con il calo delle sue prede principali come tonni e mammiferi marini (balene e foche).

Attacchi di squali

Nel XIX e XX secolo, si verificarono incidenti mortali causati da squali bianchi lungo tratti di costa del Mediterraneo dove si praticava regolarmente la pesca del tonno vicino alla riva. L'ultimo di questi attacchi avvenne nel 1989 nel Mar Tirreno, in Toscana vicino a Piombino (vedi il secondo link nella pagina successiva).

Leone, A., et al. **Pliocene colonization of the Mediterranean by Great White Shark inferred from fossil records, historical jaws, phylogeographic and divergence time analyses** *Journal of Biogeography 47.5: 1119-1129 (2020)* http://dx.doi.org/10.1111/jbi.13794

Boldrocchi, G. et al. **Distribution, ecology, and status of the white shark, *Carcharodon carcharias*, in the Mediterranean Sea** *Reviews in fish biology and fisheries 27.3: 515-534 (2017)* DOI:10.1007/s11160-017-9470-5

https://anno.onb.ac.at/cgi-content/anno?aid=dib&datum=19260902&seite=5&zoom=33
https://anno.onb.ac.at/cgi-content/anno?aid=dib&datum=19260902&seite=8&zoom=33

Kabasakal, H. **Exploring a possible nursery ground of white shark (*Carcharodon carcharias*) in Edremit Bay (northeastern Aegean Sea, Turkey)** *J Black Sea/Medit Environ, 26.2, 176-189 (2020)*

De Maddalena, A., Zuffa, M. **Historical and Contemporary Presence of the Great White Shar *Carcharodon carcharias* (Linnaeus, 1758), Along the Mediterranean Coast of France** *Boll. Mu civ. St. nat. Venezia, 59 (2008) (2009)* https://tinyurl.com/5n7a4zmb

Storai, T. et al. **Presenza di *Carcharodon carcharias* (Linnaeus, 1758) nelle acque toscane (Mar Ligure meridionale e Mar Tirreno settentrionale; Mediterraneo): analisi e revisione dell segnalazioni (1839–2004)** *Atti Soc. tosc. Sci. nat., Mem., Serie B, 112, 153--166 (2005)* https://tinyurl.com/434j65j2

De Maddalena, A., Heim, W. **Mediterranean great white sharks: a comprehensive study including all recorded sightings** *McFarland. 256 p. McFarland and Company, Inc. ISBN 978-0-7864-5889-9 (2012)*

L'uomo e il mare

Antropocene

Nessun essere vivente ha trasformato la Terra in modo così profondo e in un arco di tempo così breve come l'uomo, a tal punto che si parla già di una nuova epoca geocronologica: l'Antropocene. Non solo l'ambiente terrestre in cui viviamo, ma praticamente ogni area della biosfera è ormai influenzata dalle nostre attività.

Anche gli abissi marini sono già colpiti

Le tracce delle attività umane si trovano persino negli abissi marini: una specie di anfipode recentemente scoperta a 7.000 metri di profondità, lungo il versante della Fossa delle Marianne, presentava nel suo stomaco frammenti di plastica PET. Tuttavia, non tutti i tipi di plastica si accumulano sul fondo. Tra i materiali plastici resistenti e non biodegradabili, sono soprattutto il PET, il PVC e il poliestere, non galleggianti in acqua salata, a concentrarsi sempre di più nei sedimenti marini.

Giganteschi vortici di rifiuti

I materiali plastici galleggianti, come il polietilene (PE) e il polipropilene (PP), seguono percorsi diversi: possono essere depositati dalle onde sulle spiagge, coprendole di detriti che rappresentano non solo un disturbo estetico ma anche ecologico, oppure si concentrano in uno dei giganteschi vortici di rifiuti che si sono formati negli ultimi decenni al centro di tutti gli oceani.

Immagine grande: Il fondale marino può riservare sorprese anche pericolose: una mina galleggiante inesplosa giace (ancora?) sul fondo. La sfera più piccola in primo piano a sinistra è una *Geodia cydonium*, una spugna vecchia di decenni.

Stachowitsch, M. **The Beachcomber's Guide to Marine Debris** *Springer (2018)*
Weston, J. et al. **New species of *Eurythenes* from hadal depths of the Mariana Trench, Pacific Ocean (Crustacea: Amphipoda)** *Zootaxa Vol. 4748 No. 1: 5 (2020)* https://doi.org/10.11646/zootaxa.4748.1.9

Pesca e caccia ai mammiferi marini

Da sempre l'uomo pesca

Animali marini fanno parte della dieta dell'uomo sin dalle sue origini. Già circa 20.000 anni fa, durante il Paleolitico superiore, gli esseri umani intrapresero il rischio della navigazione per pescare. Scoperte di arpioni ossei e ami risalenti a quell'epoca, insieme a resti di specie ittiche che vivono esclusivamente in mare aperto, rappresentano le prime testimonianze di quest'attività.

Un celebre mosaico di Pompei

Un mosaico romano antico, realizzato oltre 2.000 anni fa, rappresenta con grande realismo ventidue specie di pesci e molluschi del Mediterraneo occidentale che ancora oggi sono di rilevante importanza economica. Nel mosaico si possono distinguere, disposti in più file, dall'alto verso il basso e da sinistra a destra (immagine grande):

https://commons.wikimedia.org/wiki/Category:Fish_Catalogue_mosaic,_MANN_120177_(from_Pompeii)#cite_note-1

1. triglia, gambero, orata
2. cefalo, torpedine marmorizzata, scorfano
3. tordo, gattuccio
4. martin pescatore, aragosta, polpo, murice, calamaro
5. donzella, murena, sciarrano, donzella (?)
6. gattuccio, spigola
7. occhiata, capone, sacchetto (?)

Quasi sull'orlo dell'estinzione

I primi animali marini prelevati dalla ricca dispensa del mare erano probabilmente quelli facilmente accessibili da riva. Tuttavia, in questa interazione tra uomo predatore e prede marine, gli esseri umani impararono molto più rapidamente delle loro prede, portando molte popolazioni vicine all'estinzione.

Foche nel Mediterraneo?

Il declino della foca monaca del Mediterraneo (*Monachus monachus*, foto sotto) ne è un esempio lampante: tra tutti i mammiferi marini del mondo, è oggi una delle specie più a rischio di estinzione. Attualmente sopravvivono solo poche centinaia di esemplari, in luoghi remoti e difficilmente accessibili, sia per gli esseri umani che per le stesse foche. Tuttavia, è molto probabile che prima dell'inizio della caccia, la foca monaca fosse ampiamente diffusa su molte spiagge del Mediterraneo e non limitata a questi rifugi isolati. Lo sfruttamento della foca monaca iniziò già durante il Paleolitico superiore, circa 20.000 anni fa, e la caccia costante ha permesso la sopravvivenza solo delle popolazioni nelle aree meno accessibili.

Salvate all'ultimo momento?

Fortunatamente, sembra che l'estinzione della foca monaca non sia inevitabile: negli ultimi anni sono aumentate le segnalazioni di avvistamenti nell'Adriatico. L'animale fotografato, un esemplare solitario, è stato osservato per diversi anni in una baia del sud dell'Istria. Le foche monache si riproducono però molto lentamente: dopo una gestazione di quasi un anno, le femmine danno alla luce un solo cucciolo, che viene allattato con un latte ricco di sostanze nutritive per diversi mesi, in un rifugio a terra. Gli animali vivono circa 25 anni e raggiungono la maturità sessuale intorno ai quattro anni.

Fioravanti, T et al. **A Mediterranean Monk Seal Pup on the Apulian Coast (Southern Italy): Sign of an Ongoing Recolonisation?** *Diversity, 12, 258 (2020)* https://doi.org/10.3390/d12060258

Morales-Pérez, J et al. **Mediterranean monk seal hunting in the regional Epipalaeolithic of Southern Iberia. A study of the Nerja Cavesite (Málaga, Spain)** *Quaternary International, 515, 80-91 (2019)* https://doi.org/10.1016/j.quaint.2017.11.050

Tutti gli oggetti, ...

... che finiscono in mare vengon presto colonizzati da vari orgar smi. In particolare, corde e bo sospese nell'acqua offrono un'o tima superficie di insediament per le cozze, lontano da predat ri che vivono sul fondale, com le stelle marine (vedi pag. 145 segg.).

Vita tra i rifiuti

Ma anche sul fondale marino, ce ti rifiuti diventano habitat ambit il raro cavalluccio marino (*Hipp campus guttulatus*, in basso) ut lizza una pesante catena di fe ro abbandonata come nascond glio e punto d'ancoraggio per l sua coda prensile, sostituendo consueti sostegni naturali com alghe, foglie di posidonia, tubi c policheti, spugne o ascidie.

Modificazioni delle coste ...

... comportano la distruzione di habitat naturali. I massi usati come protezione contro l'erosione e come frangiflutti, mostrati nelle immagini in alto, ricoprono un fondale roccioso dove prima cresceva una foresta di alghe brune. Poiché i massi sono fortemente esposti alle onde, hanno grandi dimensioni ed una superficie monotona e scarsamente strutturata, questo habitat artificiale risulta molto più povero di specie animali e vegetali.

Chi ha lasciato queste misteriose tracce sulla sabbia? Molto probabilmente si tratta di un'impronta lasciata da una catena d'ancoraggio. Tuttavia, le manovre di ancoraggio causano danni ben più gravi al fondale marino, specialmente quando le ancore vengono gettate in praterie di posidonia (vedi pag. 145 e segg).

Specie in pericolo e l'acquacoltura

Caccia a trofei e souvenir

L'esistenza di parecchie specie animali è a rischio. Nella foto in alto è documentato l'avvistamento di un raro tritone (*Charonia tritonis*). La sua conchiglia è stata a lungo raccolta come oggetto decorativo, ma anche come tromba. Si vedono bene le antenne con due bande nere e i piccoli occhi puntiformi alla loro base. La conchiglia di un tritone può superare i 40 centimetri di lunghezza.

Anche le popolazioni di cavallucci marini nel Mediterraneo (immagine a destra) stanno diminuendo da anni, poiché questi animali vengono ancora raccolti per essere essiccati ed esposti in una vetrina come souvenir maleodorante e di breve durata. Inoltre, soffrono anche per la distruzione dei loro habitat costieri a causa del turismo e delle infrastrutture nautiche.

Salvare specie ittiche tramite l'acquacoltura?

Nei giganteschi recinti delle acquacolture, i pesci destinati all'alimentazione crescono per diversi anni (foto in basso). Idealmente, queste forme di allevamento non dovrebbero richiedere altri pesci come mangime né forzare il prelievo degli avannotti dalla natura, ma basarsi esclusivamente su riproduzione controllata.

Indice

Indice dei nomi scientifici

A sinistra: Giovani occhiate a volte si nascondono tra gli scogli per sfuggire ai predatori che attaccano dall'acqua libera (vedi pag. 179).

Indice generale

A destra: Un maschio di bavosa rossa (*Lipophrys nigriceps*) nel suo tipico biotopo oscuro in una grotta. Le guance sono di un giallo limone così intenso solo durante il periodo di corteggiamento (vedi pag. 106).

A sinistra: Il sargasso (*Sargassum* sp.), un'alga bruna, produce vesciche piene di gas che rimpiazzano altre strutture di sostegno – simile alle gigantesche laminarie dei mari freddi.

A destra: In densi branchi – i latterini spesso cercano rifugio sopra un fondale sabbioso per proteggersi dai predatori del mare aperto (vedi p. 178).

Letteratura supplementare

In questo libro, le fonti primarie sono riportate direttamente nel testo come citazioni con link accessibile tramite codice QR. Qui vengono elencati testi fondamentali complementari relativi alla biologia del Mar Mediterraneo. I nomi scientifici indicati sono quelli validi al momento della pubblicazione e sono stati tratti dal **World Register of Marine Species** marinespecies.org.

- Louisy, P. & Trainito E.: **Guida all'identificazione dei pesci d'Europa e del Mediterraneo**. Il Castello editore, Milano, 2015.
- Rodríguez-Prieto, C. et al.: **Alghe e fanerogame marine del Mediterraneo occidentale**. Il Castello editore, Milano, 2015.
- Trainito E. & Baldacconi, R.: **Spugne del Mediterraneo**. Il Castello editore, Milano, 2013.
- Trainito E. & Baldacconi, R.: **Coralli del Mediterraneo**. Il Castello editore, Milano, 2016.
- Trainito, E. & Baldacconi, R.: **Atlante di flora e fauna del Mediterraneo. Guida alla biodiversità degli ambienti marini**. Il Castello editore, Milano, 2021.
- Luther, W. & Fiedler, K.: **Guida della fauna marina costiera del Mediterraneo**. Franco Muzzio Editore, Padova, 2012.
- Riedl, R.(ed.): **Fauna e flora del Mediterraneo – dalle alghe ai mammiferi: una guida sistematica alle specie che vivono nel mar Mediterraneo**. Franco Muzzio Editore, Roma, 2010.
- Mojetta, A. & Ghisotti, A.: **Flora e fauna del Mediterraneo**. Arnoldo Mondadori Editore, Milano, 1994.
- Goethel, H.: **Farbatlas Mittelmeerfauna: Niedere Tiere und Fische**. Ulmer, 1997.
- Hofrichter, R. (Hrsg.): **Das Mittelmeer: Geschichte und Zukunft eines ökologisch sensiblen Raums**. Springer Nature Switzerland, 2020.
- Ott, J.: **Meereskunde**. Ulmer Verlag, 1996.
- Riedl, R.: **Biologie der Meereshöhlen: Topographie, Faunistik und Ökologie eines unterseeischen Lebensraumes. Eine Monographie**. Paul Parey, Hamburg, 1966.
- Roberts, C.: **The Unnatural History of the Sea**. Island Press, 2008.
- Wirtz, P. & Debelius, H.: **Mediterranean and Atlantic Invertebrate Guide**. ConchBooks, Hackenheim, 2003.

Un sito web consigliato, curato da scienziati, sugli organismi marini (in francese): **https://doris.ffessm.fr/**

Ringraziamenti

Crediti fotografici

La maggior parte delle fotografie sono di **Georg Glaeser**. Le altre sono state contribuite dai seguenti autori:

Daniel Abed-Navandi:
p. 32, in basso: gusci di riccio; p. 33, a sinistra: orecchia di mare; p. 35, a sinistra in basso: setole di granceola; p. 60, al centro: polipi di cornularia; p. 68, Cratena; p. 80, al centro: riccio di prateria; p. 92, granchio delle grotte; p. 113, a sinistra in basso: tracce da pascolo di granchio corridore; p. 169, in basso: copepode; p. 174 in basso: polipi di scifozoi; p. 175, a destra: aggregazione di noci di mare; p. 182, a destra: tonno

Sandra Bracun:
p. 145: al centro und in basso: posidonia; p. 197: bavosa rossa

Ivo Gallmetzer/Alexandra Haselmair:
p. 5, in basso a sinistra: fondale fangoso; p. 10, in alto: cistoseira; p.54, in basso a destra: candelabro verde; p. 55, in alto a sinistra e a destra: alghe verdi; in basso a sinistra: alghe rosse; p. 56, in alto a destra: Gelidium; in basso a destra: corallina comune; p. 60, in alto: cornularia; p. 63, in alto: paramuricea; p. 67, al centro a destra: Reptadeonella; p. 80, in alto a sinistra: riccio di prateria; p. 86 al centro: madrepora gialla; in basso: corallo rosso; p. 87, in alto: falso corallo; p. 88, a sinistra: Agelas; a destra: ircinia; p. 90, al centro: Clavellina; p. 129, al centro: lattaro; p. 138-139 in basso: torpedine; p. 144, in basso a sinistra: posidonia-matte; p. 145, in basso a destra: Aglaophenia; p. 153: cistoseira-posidonia; p. 154-157: fondale fangoso; p. 159, in basso: anemone margherita; p. 160 e 161 in alto: paguri; p. 165: sacchetto; p. 194, in alto: tritone

Josef Gelernter:
p. 80, in basso: pedicellarie

Helmuth Goldammer:
p. 35, al centro in basso: chela di granceola; p. 103, al centro e in basso: Heteromysis; p. 168: alghe planctoniche e copepodi; p. 174, in alto: efire

Paul Koblens:
p. 25, a destra in alto: radioli di Sabella; p. 183, a destra in basso: squalo mako

Helmut Michelbach:
p. 169, in alto: cladocero

Jacek Mierzejewski:
p. 188: pesce luna

Maximilian Wagner:
p. 191: foca monaca

Damir Zurub:
p. 93, a destra in basso: pesce scorpione

Per la traduzione dalla versione tedesca e la revisione ringraziamo **Ivo Gallmetzer** e **Luciano Cirinà**.

MIX
Papier aus verantwortungsvollen Quellen
Paper from responsible sources
FSC® C105338

If you have any concerns about our products,
you can contact us on
ProductSafety@springernature.com

In case Publisher is established outside the EU,
the EU authorized representative is:
Springer Nature Customer Service Center GmbH
Europaplatz 3, 69115 Heidelberg, Germany

Printed by Libri Plureos GmbH
in Hamburg, Germany